패션,
영화 속
미술을
그리다

패션,
영화 속
미술을
그리다

진경옥

산지니

머리말

　패션과 예술은 적당한 거리감을 가지고 서로 영향을 주고받고 있다. 의상은 회화나 조각 같은 조형예술 분야와 마찬가지로 선이나 면, 색, 질감이라는 조형적 요소를 바탕으로 만들어진다. 예술 중에서도 회화는 색과 형을 중심으로 한 조형이란 점에서 의상과 유사점이 많아 세계적인 패션디자이너들은 매혹적인 회화의 이미지와 특성을 도입, 응용하여 독특하고 창의적인 디자인 개발의 원동력으로 활용하고 있다.

　패션과 예술의 협업은 구스타프 클림트로 거슬러 올라간다. 클림트가 주축이 된 오스트리아 빈의 미술가 집단 '빈 분리파'는 회화·건축·공예를 아우르는 종합예술을 추구하여 예술과 생활을 밀접하게 만들고자 했다. 이에 따라 순수미술과 패션이 포함된 응용미술의 경계가 모호해지게 되었고 예술가와 패션디자이너들은 서로 협업하기 시작했다. 이 시기는 마침 여성 의상에 코르셋을 내던진 의상개혁 운동과 맞물린 시기였다. 클림트는 이 개혁의상의 선두 아티스트였다. 클림트는 틈날 때마다 패션디자인과 직물디자인을 하여 연인 에밀리 플뢰게가 운영하던 양장점 운영을 도왔다.

　클림트는 곡선과 기하학적 형태인 원과 삼각형, 사각형을 이용하여 화려하면서도 장식적인 특징의 작품들로 여성복 옷감을 몽환적으로 디자인했고 플뢰게는 클림트 회화에 나오는 많은 의상을 디자인했다.

　이후 1920년대 프랑스에서 일어난 초현실주의는 문학, 영화, 조각, 건축, 패션 등 모든 예술 분야에 지대한 영향을 미쳤다.

1930년대 초현실주의를 의상에 접목한 패션디자이너 엘사 스키아파렐리에게 있어서 옷은 그리는 것이었다. 스키아파렐리는 자신이 패션전문가가 아니라 예술가로서 드레스를 디자인한다고 말했다. 스키아파렐리는 살바도르 달리, 마르셀 뒤샹, 만 레이, 프란시스 피카비아 등 당대 초현실주의 예술가와 교류하면서 그들의 작품을 응용한 의상디자인을 했다. 특히 그녀는 달리와 협업을 하여 하이힐 모양의 모자, 서랍 달린 드레스, 전화 형상의 핸드백, 해골 드레스, 랍스터 드레스를 제작했다.

　　1980년대 들어서 패션과 미술의 조우는 본격적으로 이루어지게 되었다. 뉴욕 메트로폴리탄 미술관이나 파리 루브르 미술관 등에서는 패션디자이너들의 작품을 앞다투어 전시하기 시작하였다. 이제 미술과 패션은 전 세계 미술관에서도 친숙한 옆집 이웃 같은 사이가 되었다.

　　2012년 1~9월 파리 오르세 미술관, 2013년 2~5월 뉴욕 메트로폴리탄 미술관, 2013년 6~9월 시카고 아트 인스티튜트에서 〈인상주의, 패션과 모더니티〉 전시회가 열렸다.

　　1860년부터 1880년까지 패션에 영향을 준 드가, 마네, 모네, 르누아르, 쇠라가 그린 75개의 작품이 전시되었다. 남성복, 야회복, 외출복 패션이 노출된 이 작품들은 아방가르드 화가들의 인상주의 그림이 얼마나 패션 트렌드에 영향을 끼쳤는지를 명백히 보여 주었다. 이 전시에는 그림에 그려진 의상과 레이스, 실크, 벨벳, 새틴 등의 옷감과 모자, 파라솔, 장갑, 구두가 함께 전시되어 당대의 예술작품과 패션이 같은 맥락인 것을 확인할 수 있다.

　　당대 화가들의 현대성의 척도는 얼마나 패션을 잘 표현할 수 있는가였다. 인상주의자들은 당대에 유행하는 의상에서 영감을 받아 그림을 그렸지만, 현대 패션디자이너들은 인상주의자들이 그린 그림에서 영감을 받아 의상을 디자인하고 있다.

특히 1990년대 이후 현대 미술가들과 패션디자이너들의 공동 작업이 활발하고 두드러지게 전개되고 있다.

오늘날 세계적인 패션디자이너들은 예술가로서 인식되고 있다. 이브 생 로랑 같은 디자이너는 미술작품에서 패션 영감을 받는 것으로 유명하다. 그는 피카소, 마티스, 앤디 워홀, 몬드리안의 그림에서 영감을 얻어 다수의 패션을 발표했다. 앤디 워홀, 프리다 칼로와 장 바스키아의 혁신적 작품은 현대미술이 얼마나 패션디자이너들에게 영향을 미치는지를 잘 보여준다.

유구한 역사와 숭고미를 잔뜩 머금고 있는 잘 고전 미술품과 유물 전시장 바로 옆에서 조지 아르마니(2000년 뉴욕 솔로몬 구겐하임 미술관), 지아니 베르사체(2002~2003년 런던 빅토리아 앤 앨버트 박물관) 전시회와 마놀로 블라닉 구두전(2003년 런던 디자인 박물관)이 열렸고 뉴욕 메트로폴리탄 박물관에서는 코코 샤넬의 패션전도 열렸다. 2019년 베니스 비엔날레 기간에도 패션과 아트의 협업이 눈길을 끌었다.

최근의 패션 컬렉션들을 살펴보면 과거의 시대 복식에서 영감을 받아 현대 의상으로 재해석한 작품들이 많이 발표되고 있다. 이들 디자이너들은 명화 속 인물들이 걸치고 있는 옷이나 장신구에서 패션사를 읽어낸다. 이렇게 발표되는 패션디자이너들의 의상은 그림 속 역사를 재현하는 셈이 된다.

『패션, 영화 속 미술을 그리다』는 패션 산업과 패션 트렌드에 지대한 영향을 미친 열 명의 예술가와 그들의 생애를 담은 영화를 소개하는 책이다. 르네상스 초상화의 대가 한스 홀바인부터 우리에게 너무나도 친숙한 피카소와 고흐 그리고 현대미술을 대표하는 앤디 워홀과 바스키아까지 폭넓은 시대와 작품 세계를 대표하는 예술가 열 명을 선별하였다.

이들이 세상에 선보인 작품들은 시대를 초월하여 우리의 생활 속에 깊숙이 들어와 있다. 이 책을 통해 시대를 뒤흔든 예술가들의 독창적인 예술이 현대 패션에 얼마나 커다란 영향을 미치고 있는지를 알게 됨으로써 예술과 패션 문화에 더욱 친밀해지는 시간이 되기를 바란다.

○ 2013년 시카고 인스티튜트 패션과 전시회에서 선보인 마네의 그림 <파리지엔느>(1876)

CONTENTS

KLIMT

시대를 초월한 에로티시즘의 화신
구스타프 클림트

<클림트>(2006)

　　모차르트를 빼고 오스트리아의 음악을 설명할 수 없듯이 클
림트를 빼고 빈의 미술을 논할 수 없다는 사람들이 많다. 클림트
그림은 마치 오스트리아 공식 상표처럼 갖가지 상품으로 전 세
계 사람들을 매혹시키고 있다.

　　1900년 전후 구스타프 클림트Gustav Klimt, 1862~1918가 살던 오스
트리아 빈은 중세의 콘스탄티노플이나 15세기 피렌체와 비슷
하게 문화생활의 중심지로서 새로운 사상과 예술의 실험실 역
할을 했던 도시다. 프랑스 파리와 함께 유럽의 문화 수도 역할
을 담당했던 빈은 미술, 철학, 음악, 건축, 문학 등 모든 문화
분야에서 사회가 이성을 통해서 계몽된다는 18세기 계몽사상
예술양식에 반발했다. 이 시기 가장 빛을 발한 것은 인간의 본
능적 삶의 본질을 파악한 프로이트의 정신분석학이었다.

　　구스타프 클림트는 지그문트 프로이트Sigmund Freud의 정신분
석학에 입각해 본능적인 성욕과 공격성을 새로운 회화 방법으
로 받아들여 여성의 쾌락과 고통을 에로틱하게 그림에 표현했
다. 클림트는 시대를 초월한 에로티시즘의 화신이었다. 클림
트는 또 니체의 슬픔과 욕망과 고통에 깊이 공감해 삶과 죽음
을 에로틱한 그림에 연결했다. 클림트를 유명하게 만든 것도,
그의 발목을 잡은 것도 에로티시즘이었다. 그가 상징주의자로
불리는 것은, 성을 중심으로 한 인간성의 원형을 탐구하기 위

해서 이집트, 그리스, 로마, 비잔티움 혹은 동양의 신화나 전설 그리고 표현양식에서 모티브를 가져와 상징화했기 때문이다.

빈 분리파 창설

클림트는 35세이던 1897년 '그 시대에는 그 시대의 예술을, 예술에게는 자유를!'이라는 슬로건을 앞세워 빈 분리파를 창설했다.

빈 분리파는 그림, 조각, 공예, 건축, 음악 등 모든 예술을 하나로 통합해 기존의 예술 가치를 무너뜨리고 새로운 세상을 만들고자 했으므로 당대의 주류와 문화적 충돌을 일으켰다. 클림트는 '벌거벗은 진실'이라는 뜻을 가진 적나라한 누드 그림 〈누다 베리타스〉(1899)를 그려 당대 주류 예술과 정면으로 맞섰다. 빈 분리파 전시회는 유럽 전역의 예술가들을 참여시켜 외국 미술을 적극적으로 소개하고 자신들의 작품 또한 외국에 적극적으로 알렸다. 이 과정에서 아르누보Art Nouveau 양식이 생겨났고 건축, 공예, 디자인을 위한 종합예술 기술학교인 '바우하우스 Bauhaus'가 태어났다.

클림트의 아르누보와 표현주의 미술

클림트는 당시 유럽 전역에 유행하던 아르누보 양식의 영향으로 구불구불한 선과 넝쿨 같은 곡선과 원형, 사각형, 삼각형, 직선의 기하학적 문양을 융합해서 그가 좋아했던 주제인 여성의 성을 에로티시즘의 극치로 표현했다. 그가 열여덟 살부터 뛰어난 건축 장식가로 손꼽히기 시작한 것은 빈 응용미술학교에서 배운 다양한 장식 기법 덕분이다.

클림트는 금 세공가였던 아버지의 영향으로 금박, 은박을 작품에 사용한 최초의 화가이다. 금과 은을 두드려 종이처럼 얇게 만든 금박, 은박을 사용해 부와 남자의 매력과 에로티시즘을 한층 더 극대화시켰다. 포르노 같다고 의회에서까지 논쟁을 불러일으켰던 그의 작품은 초기 표현주의의 모습을 보여주고 있으며 이후 화가 에곤 실레Egon Schiele와 오스카 코코슈카Oskar Kokoschka에게 영향을 끼쳤다.

대중에게 가장 잘 알려진 〈키스〉는 클림트 황금 시기를 대표하는 작품이다. 그림의 영감은 대성당의 모자이크 그림과 프레스코 벽화를 통해서 얻었다. 사실주의와 이국적인 것을 결합한 이 작품은 에로티시즘을 주제로 금박과 은박을 사용한 화려한 장식기법으로 표현되었다. 색채와 장식성이 화려함의 정점을 이루는 이 작품은 유럽, 비잔틴, 일본 미술의 요소를 절충하여 장식을 극대화시켰다.

굳게 포옹하고 있는 연인의 모습이 가로 180cm, 세로 180cm의 커다란 정사각형의 화면을 가득 채운 이 작품은 남녀가 근원적 합일을 통해서 영원한 조화의 세계에 도달한다는 메시지를 담았다. 남녀의 얼굴은 전통적인 사실주의로 그렸지만, 그들이 입은 의상과 배경은 타원형, 삼각형, 곡선 등의 문양을 사용해서 마치 모자이크처럼 장식성을 강조했다.

그림은 모두 생물학적 상징으로 가득 차 있어 인간의 성적 환희를 드러낸다. 일반적으로 직선은 강한 남성성을, 곡선은 부드러운 여성성을 상징한다. 두 육체는 빼곡하게 무늬가 가득한 의상을 입고 있는데 남자의 옷은 강렬한 금박 무늬를 배경으로 주로 검은색과 흰색의 직선을 모티브로 삼았다. 남성의 망토를 장식하고 있는 검은 장방형 문양은 남근을 상징함으로써 남성의 힘과 정력과 남성성을 표현했다. 반면 여성의 옷은 알록달록

○ <키스>
(1907~1908, 벨베데레
박물관)

○ <죽음과 삶>
(1910~1915, 빈
레오폴드 박물관)

하고 금빛이 나는 원형 모양의 패턴이 주조를 이루고 꽃과 둥근 원을 사용하여 여성성과 성숙한 이미지를 대조적으로 나타냈다. 이 작품에서 남성의 의상은 클림트가 직접 디자인했는데 작업할 때나 여행 갈 때 즐겨 입는 보헤미안 스타일의 스목(작업복) 의상을 닮았다. 〈키스〉는 장식적인 주제와 여성성으로 인해 많은 패션디자이너들이 영감을 받아 디자인하고 있는 그림이다.

클림트의 말년작 〈죽음과 삶Death and Life〉은 클림트가 〈키스〉와 함께 가장 공들인 작품이다. 1910년 시작하여 1915년에 끝난 작품으로 발표 후 여러 번 수정을 거듭해 완성되었다. 여성의 성과 함께 죽음은 클림트의 주 테마였다. 시신 해부 과정에도 참여하는 등 생물학에 많은 관심을 가진 그는 생물학뿐 아니라 다윈의 진화론도 그림의 배경장식으로 사용했다. 엄마와 아이, 늙은 여인 등의 나체의 대조를 통해 묘사된 그림 오른쪽에 있는 '삶'은 다양한 색상의 화려한 장식패턴과 꽃으로 장식되고 따뜻하고 온화한 색상으로 가득 차 있다. 반면에 왼쪽에 분리되어 그려진 '죽음'을 상징하는 인물은 클림트가 애용했던 어두운 색상의 망토 의상을 입고 있다. 죽음과 삶의 양쪽에 의상과 배경을 꽉 채우고 있는 패턴의 색채, 구성, 질감 표현이 뛰어난 작품이다.

"에밀리를 내게 데려다줘"

살바도르 달리에게 갈라 달리가, 존 레논에게 오노 요코가 있었다면 클림트에게는 에밀리 플뢰게Emilie Flöge, 1874~1952가 있었다. 둘은 서로 깊이 사랑했지만 정신적인 관계 이상의 선을 결코 넘지 않았던 기묘한 동반 관계였다고 한다. 빈의 카사노바로 숱한

염문을 뿌렸지만 클림트의 평생 연인은 에밀리 플뢰게였다. 클림트는 에밀리 플뢰게에게 평생 4백여 통이 넘는 엽서와 편지를 보냈다. 클림트의 죽기 전 마지막 말은 "에밀리를 내게 데려다 줘."였다. 클림트 사후 열네 명의 사생아에게 재산을 분배한 사람도 바로 에밀레 플뢰게였다. 빈 공방의 스타일 아이콘이었던 플뢰게는 빈의 성공한 패션디자이너로서 여성운동을 증진시키기 위해 강하고 자신감 넘치는 합리적인 드레스를 제작했다. 혹자는 코코 샤넬Gabrielle Bonheur "Coco" Chanel 이전에 에밀리 플뢰게가 있었다고 말한다. 여성에게 코르셋을 제거한 첫 디자이너였기 때문이다. 엠파이어 드레스, 넓은 소매, 헝가리와 슬라브족의 자수에서 영감을 받은 복잡한 디테일을 가진 의상은 이전까지의 유행을 지배했던, 불편하게 동여매던 코르셋에서 벗어나는 시발점이 됐다.

클림트, 여성복 옷감과 의상을 디자인하다

클림트는 그림에 패션을 추구한 첫 번째 화가다.

클림트가 주축이 된 오스트리아 빈의 미술가 집단 '빈 분리파'는 아카데미의 보수적인 미술 기준으로부터 자신들을 분리해서 회화·건축·공예를 아우르는 종합예술을 추구했다. 이를 통해 예술을 생활과 사회와 밀접하게 만들고자 했다. 이에 따라 순수미술과 패션이 포함된 응용미술의 경계가 모호해졌고 미술가와 패션디자이너들은 서로 협업하기 시작했다. 이 시기는 마침 여성 의상에서 코르셋을 내던진 의상개혁 운동과 맞물린 시기였다.

클림트는 틈날 때마다 패션디자인과 직물디자인을 하여, 평생의 연인 에밀리 플뢰게가 운영하던 양장점 운영을 도왔다. 빈의

○ <에밀리 플뢰게>.
1902년 클림트는
에밀리의 서 있는
모습을 그렸는데 그녀가
입은 장식성이 강한
파랑, 보라, 검정과
금색의 롱드레스는
그 시대로서는 매우
혁신적이었다.

○ 에밀리 플뢰게가
디자인한 개혁의상.
엠파이어 스타일로
코르셋이 필요 없는
드레스에 폭 넓은
소매가 달려 있는
개혁의상을 입고 있는
에밀리 플뢰게.

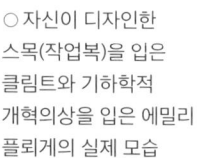 ○ 자신이 디자인한 스목(작업복)을 입은 클림트와 기하학적 개혁의상을 입은 에밀리 플뢰게의 실제 모습

○ 클림트와 플뢰게가 공동 작업한 개혁의상을 에밀리 플뢰게가 입고 있다.

여성들은 클림트 초상화의 대상이었을 뿐 아니라 클림트 패션의 대상이었다. 클림트는 통자 가운을 연상시키는 헐렁하고 넉넉한 품으로 재단한 원단에 아르누보 양식과 평면적이고 기하학적인 문양을 넣음으로써 모더니즘의 이상을 패션 디자인으로 완성해 보였다. 클림트와 플뢰게 두 사람은 아시아와 유럽 예술에서 디자인 영감을 얻었다. 클림트는 일본 문양에서, 플뢰게는 유럽의 민속적인 옷감에서 영감을 얻었다.

이 시기 영국, 독일, 오스트리아에선 개혁의상이 크게 유행했는데 클림트는 바로 이 개혁의상의 선두 아티스트였다. 클림트는 곡선과 기하학적 형태인 원과 삼각형, 사각형을 이용하여 화려하면서도 장식적인 특징으로 여성복 옷감을 몽환적으로 디자인했다. 클림트의 그림과 에밀리 플뢰게가 디자인한 의상 패턴이 거의 같은 것은 클림트의 문양 디자인을 플뢰게가 차용했기 때문이다. 플뢰게는 클림트 회화에 나오는 의상을 디자인했고, 그녀 의상의 많은 부분은 클림트가 디자인한 옷감으로 이루어졌다. 클림트의 고객은 자연스레 플뢰게의 고객이 되었다.

두 사람의 개혁의상은 어깨에 하중을 실어 어깨서부터 자연스럽게 흘러 내려오는 실루엣을 기본으로 폭 넓은 소매가 특징이었다. 클림트가 작업복으로 즐겨 입었던 잠옷같이 헐렁한 푸른색 의상은 클림트가 직접 직물디자인뿐 아니라 의상디자인까지 완성했다. 1909년, 비엔나 신문은 클림트의 직물디자인이 부도덕하긴 하지만 매력적인 새로운 비엔나 여성을 태동시켰다고 보도했다.

영화 <클림트>(2006)

클림트를 주제로 한 영화는 두 편 있는데 2006년 영화 〈클림트Klimt〉와 2015년 영화 〈우먼 인 골드Woman in Gold〉다. 〈우먼 인 골드〉는 세계 명화 판매가격 순으로 전 세계 top10 안에 드는 작품으로, 1억 3,500만 달러, 한화로 1,800억 원을 호가하는 〈아델레 블로흐 바우어의 초상〉과 관련된 비화를 다루고 있다.

라울 루이즈Raoul Ruiz 감독의 영화 〈클림트〉는 관능의 화가 구스타프 클림트의 작품과 삶과 패션을 구체적으로 보여주는 영화다.

영화 〈클림트〉는 클림트의 삶과 예술세계를 다룬 미술영화지만, 영화의 내용은 장식적이고 몽환적인 그의 작품세계에 초점을 맞춰 현실과 환상을 오가며 픽션에 논픽션 스토리를 가미하여 전개된다. 영화는 클림트의 명화는 물론이고 클림트의 그림처럼 화려하고 다양한 색채로 가득한 100벌이 넘는 아르누보 스타일 의상으로 볼거리를 제공한다. 의상은 오스트리아 의상 디자이너 비르기트 허터Birgit Hutter가 맡았다. 이 영화는 클림트의 예술성에 더하여 클림트 역의 연기파 배우 존 말코비치John Gavin Malkovich의 흥행성이라는 두 가지 요소로 영화에 대한 흥미를 유발시키는 데 성공했다. 원래 클림트는 뱃살이 눈에 띄게 나온 화가였지만 감독은 바짝 마른 존 말코비치를 클림트 역으로 기용했다. 그만큼 영화는 말코비치의, 말코비치를 위한 영화라고 해도 과언이 아니다.

클림트가 살았던 19세기, 빈에는 600여 개의 살롱이 있었다. 살롱은 일반적으로 우리가 생각하는 사교 장소가 아니라 사상가들과 예술가들이 생각과 가치를 나누는 문화 가교 역할을 했다. 영화는 클림트의 작품 재현과 함께 당시의 예술 문화의 가교

○ 영화 속에 나오는
<의학>

○ <의학>의 아랫부분
디테일과 하기에이아

○ 영화 <클림트>에서
자신이 디자인하고
재단한 스목 의상을
입은 존 말코비치

○ 영화 <클림트>에서
그림 속 에밀리 플뢰게
의상을 입고 있는
플뢰게 역의 베로니카
페레스

○ 클림트의 역작인 세
편의 빈 대학 천장화
중 <의학> 옆에 앉은
에밀리 플뢰게 역
베로니카가 아르누보
문양 의상을 입고 있다.

였던 살롱에 모여 다방면으로 토론과 의견을 주고받는 장면을 충실하게 재현했다.

영화의 첫 장면에는 1901년에 전시된 클림트의 유명하고도 매우 중요한 의미가 있는 벽화작품 〈의학〉이 등장한다. 〈의학〉은 2차 대전 중에 나치가 파괴했다. 삶과 죽음의 연결고리를 표현한 이 작품의 아래쪽에 있는 그리스 신화에 나오는 건강의 여신, 하기에이아는 오른손에는 금빛 곡선의 뱀을 팔에 감고 왼손에는 죽은 사람이 건너는 레테의 잔을 들고 있다.

세기말의 흥분과 긴장감이 감돌던 1900년, 화려하고 관능적인 아르누보 스타일의 장식미술을 추구하는 클림트의 그림은 고국인 오스트리아 빈에서는 퇴폐적이라는 이유로 혹독하게 비판받지만 파리에서는 대단한 찬사를 받는다. 파리에서 열린 만국박람회에서 〈철학〉 작품으로 금메달을 수상한 클림트는 축하파티에서 프랑스 무희이자 여배우인 레아를 소개받고 첫눈에 사랑에 빠져 작품 속에 그녀를 투영한다. 하지만 레아와 똑같이 생긴 또 다른 레아가 등장해 사실과 환영의 세계를 번갈아 보여준다. 감독은 클림트가 매독으로 고생했다는 점에 착안하여 매독의 부작용인 환각과 환청 등을 이용해 화가의 삶에서 그의 몽환적인 작품세계를 이끌어낼 목적으로 허구적인 인물 레아를 만들어냈다. 허구의 여성 레아와 함께 영화는 그림 〈키스〉의 모델이기도 하고 클림트의 평생 연인이며 삶의 동행자였던 에밀리 플뢰게(베로니카 페레스Veronica Ferres)도 집중적으로 조명한다.

클림트, 황금빛 패션을 선도하다

클림트는 어떤 화가보다도 패션디자이너에게 영감을 주는 화가로서 오랫동안 세계적인 패션디자이너들의 뮤즈였다. 현대 패션디자이너들은 클림트의 회화 작품에서 보여지는 장식적 문양과 화려한 색채, 아르누보 양식의 곡선적 표현의 조형적 요소를 앞다투어 차용하고 있다. 만화경같이 보이는 화려하고 변화무쌍한 문양이 디자이너의 영감을 자극해 세계적인 디자이너들이 한 번쯤은 다 도전했다고 해도 과언이 아닐 정도다.

크리스티앙 디올, 코코 샤넬, 이브 생 로랑, 릭 오웬스, 티에리 에르메스, 잔니 베르사체, 니나 리치, 위베르 드 지방시, 발렌티

○ 존 갈리아노가
<키스>에서 영감받은
문양과 색채를 이용한
패션 디자인

노 가라바니, 안나 수이, 매튜 윌리엄슨, 후세인 샬라얀, 오스카 드 라 렌타, 듀로 올로우, 드리스 반 노튼 등이 클림트의 작품을 의상에 차용했다. 디자이너들이 클림트 회화에서 패션 모티브로 주로 이용하고 있는 것은 클림트의 장식적인 무늬와 물결모양의 라인이다. 디자이너들은 클림트 작품 중 특히 〈키스〉, 〈아델레 블로흐 바우어의 초상 1〉, 〈희망 2〉와 〈에밀리 플뢰게 초상〉에서 많은 영감을 받았다.

크리스티앙 디올Christian Dior의 2008년 오뜨쿠튀르 패션쇼에서 존 갈리아노John Charles Galliano가 디자인한 의상을 입은 모델들은 마치 걸어 다니는 클림트의 회화작품 같았다. 르웬 스콧L'Wren Scott 은 2013년 가을/겨울 패션쇼에서 클림트 작품 〈아델레 블로흐 바우어의 초상 1〉과 〈의학〉에서 영감을 받은 디자인을 대거 내놓았다.

○ 〈아델레 블로흐 바우어의 초상 1〉

○ 〈아델레 블로흐 바우어의 초상 1〉에서 영감받은 르웬 스콧의 2013년 패션

'오스트리아의 모나리자'라 불리는 〈아델레 블로흐 바우어의 초상 1〉은 클림트가 가장 저명할 때 7년에 걸쳐 그린 그림으로 클림트 영화 〈우먼 인 골드〉의 주인공이다. 2006년 화장품 회사 에스티 로더는 이 작품을 1억 3,500만 달러에 샀는데 현재 한화로 환산하면 약 1,800억 원에 달한다. 이 가격은 당시 명화 판매 사상 최고가였다. 〈우먼 인 골드〉는 히틀러가 이 작품을 몰수한 뒤 바꾼 그림 제목이다. '아델레 블로흐 바우어'가 유대인 이름이기 때문이다. 작품은 현재 맨해튼에 있는 에스티 로더의 '노이에 갤러리'에 걸려 있다. 르웬 스콧의 쇼에서는 이 디자인을 위해서 23캐럿 금 나뭇잎이 사용되었는데 무겁긴 했어도 주위 색상과 문양이 잘 어울려 신체 실루엣을 근사하게 보이게 했다.

클림트가 작업을 할 때나 플뢰게와의 데이트 때 자주 입었던 스목 가운은 당시 몸에 꼭 끼게 입었던 코르셋에 대한 반란으로 생겨난 디자인이다. 클림트의 헐렁하고 기다란 셔츠형 작업복은 디자이너 릭 오웬스Rick Owens가 2013년 봄, 바닥까지 끌리는 넓은 품의 롱 드레스로 선보였다.

○ 클림트의 작업복에 영감받은 릭 오웬스의 2013년 봄/여름 패션쇼

○ 클림트 작품
<성취>와 <성취>에서
영감받아 알렉산더
매퀸의 사라 버튼이
디자인한 의상

2013년 알렉산더 매퀸Alexander McQueen의 사라 버튼Sarah Burton이 디자인한 리조트 패션쇼 무대는 한마디로 클림트 금박의상의 물결이었다. 사라 버튼은 2013년 리조트 패션을 클림트의 <키스>, <희망 2>, <에밀리 플뢰게의 초상화>, <성취>에서 영감받았다. 디자이너 사라 버튼은 클림트 그림의 색상, 붓놀림, 문양에서 디자인 아이디어를 얻은 후 가수 데이비드 보위의 성애 넘치는 중성적 모드를 대입하여 금박드레스를 완성했다.

클림트의 <성취>(1905)는 대담한 기하학적 패턴의 유채색과 무채색, 만화경같이 변화무쌍한 패턴들로 이루어진 세포 무늬를 브론즈와 골드로 장식한 그림이다. 사라 버튼은 검정색 옷감 위에 금색으로 기하학적 무늬를 반복해서 <성취>에서 영감받은 의상을 디자인했다.

클림트 회화에 나오는 의상들은 많은 부분 플뢰게가 디자인 했다. 발렌티노는 2016년 가을/겨울 컬렉션에서 클림트 삶의 동반자이며 패션의 동반자였던 에밀리 플뢰게가 디자인한 의상을 오마주함으로써 여성의 관능미와 독립성을 표현했다.

○ 자신이 디자인한 의상을 입고 있는 에밀리 플뢰게와 2016년 발렌티노 패션쇼에서 재현된 플뢰게가 디자인한 의상

PICASSO

창조와 혁신의 아이콘 파블로 피카소

<피카소>(1996)

천재란 규칙을 새로 만들 수 있는 사람이라고 한 철학자 임마누엘 칸트Immanuel Kant의 말에 딱 부합되는 화가를 꼽으라면 예술가들의 예술가인 파블로 피카소Pablo Ruiz Picasso를 꼽을 사람이 많다.

현대미술에 대해 잘 몰라도 피카소라는 이름은 대부분 알고 있을 것이다. 피카소는 미술사의 흐름을 바꾸어 놓은 창조와 혁신의 아이콘이다. 그가 평생 제작한 작품은 5만여 점. 죽기 살기로 작품에 매달렸던 그는 죽기 12시간 전까지 작품 활동을 했다. 회화뿐 아니라 조각, 도자기, 판화 등 총 5만 점에 달하는 작품을 남겼는데 그중 그림이 약 1만 3,500점, 판화 2,400점, 삽화 3만 4,000점, 조각품 300점이다. 태어날 때부터 그림을 그렸다고 쳐도 그의 아흔두 해 생애 동안 일년에 540점씩 작품을 제작했다는 얘기가 된다. 사람으로는 불가능한 숫자인 것 같다.

사랑은 삶의 최대 청량, 강장제다

그런데 그에게 많은 것은 작품 수뿐만이 아니다. '사랑은 삶의 최대 청량, 강장제다'라고 한 피카소의 말처럼 피카소의 작품을 이야기할 때 빠뜨릴 수 없는 것이 그의 뮤즈들이다. 피카소에게 있어서 뮤즈란 연인을 뜻한다. 피카소는 뮤즈가 바뀔 때마다 화풍의 변화가 있었는데 미술사학자들은 여인들이 그의 영감의 원천이었다고 한다. 그의 작품들은 전부 그의 뮤즈들과 밀접한 관계가 있기 때문이다. 피카소는 일생 동안 수많은 여인과 염문을 뿌렸다. 100명이 넘을 것이라고 알려진 피카소의 여인 중 그의 뮤즈로 꼽히는 여인은 일곱 명이다. 이 중 공식적으로 결혼한 여인은 두 명이다. 일곱 뮤즈 가운데서 피카소 때문에 두 명이 자살하고, 두 명은 정신병을 앓기도 했다니 천재 화가가 이들에게 미친 영향을 짐작할 만하다.

올리비에, 에바, 올가, 마리, 도라, 프랑스와즈, 재클린. 이 일곱 뮤즈는 모습부터 성향까지 다 다르지만 유일한 공통점이 하나 있는데 바로 나이다. 이들이 피카소의 연인이 된 나이가 모두 20대다. 올리비에 23세, 에바 26세, 올가 26세, 마리 17세, 도라 29세, 프랑스와즈 21세, 재클린이 27세에 피카소의 뮤즈가 되었으니 피카소가 나이를 먹을수록 뮤즈와의 나이 차이가 벌어진 셈이다. 20세 때 친구 카사헤마스의 자살이 가져온 시련을 겪으며 죽음과 거리가 먼 젊은 여인을 도피처로 삼았다는 해석이 맞는 걸까?

○ <아비뇽의 처녀들>(1907, 뉴욕현대미술관)

첫 번째 뮤즈 페르낭드 올리비에Fernande Olivier, 1881~1966

피카소는 페르낭드를 만나, 우울했던 청색 시대를 작별하고 장밋빛 시대 화풍에 돌입한다. 올리비에는 피카소를 입체적 추상화, 큐비즘으로 인도한 여성으로서 20세기 회화의 출발점으로 칭송받는 〈아비뇽의 처녀들〉 그림에 지대한 영향을 끼쳤다. 피카소가 루브르 박물관에 있던 이베리안 조각상의 원시 조각에 매료되어 거기에서 영감을 받아 제작한 것이 〈아비뇽의 처녀들〉이다. 이 작품은 아프리카 예술뿐 아니라 한 화면 속에 다양한 시점을 구현한 현대미술의 아버지, 세잔Paul Cézanne의 시선과 원통, 구, 육각형 형태에서도 영감을 받았다. 피카소는 이 작품을 통해서 원근법을 없애고 사물을 해체한 후 해체한 단면을 분석, 재구성했다. 사물이 보이는 각도에 따라 변하는 여러 개의 시점을 평면적인 한 화면에 구성해 3차원적 현실을 2차원적 회화로 변환했던 것이다. 색상은 청색 시대에 사용한 차가운 컬러와 장밋빛 시대에 사용한 옅은 노란색이 함께 포함돼 그때까지의 피카소의 예술이 총동원되었다.

두 번째 뮤즈 에바 구엘Eva Gouel, 1885~1915

식상해가던 페르낭드에 이어 나타난 피카소의 두 번째 여인이다. 피카소에게 있어 사랑의 기쁨이자 여성성의 상징이었던 여인 에바는 일곱 명의 여성 가운데 피카소가 그림의 모델로 삼지 않은 유일한 인물이다. 피카소의 콜라주와 파피에 콜레 시대는 에바와의 관계를 통해 꽃피었다.

세 번째 뮤즈 올가 코클로바Olga Khokhlova, 1891~1955

피카소는 20세기 초 유럽 전역을 강타한 〈발레 뤼소〉의 붐을 타고 파리에서 공연을 하던 발레 뤼소 발레단을 화폭에 담으면서 발레리나 출신인 올가 코클로바와 만난다. 피카소는 1917년 올가를 만난 후 그리스와 로마를 여행하면서 옛날식 화풍에 매료되어 '신고전주의' 시대를 열었다. 피카소와 정식으로 결혼한 올가는 다른 여자와 동거에 들어간 피카소와 이혼하기를 원했지만, 피카소는 이혼할 경우 재산의 절반이 올가에게 넘어갈 것을 우려하여 이혼에 응하지 않았다고 한다. 두 사람은 평생 이혼을 하지 않은 채, 별거 부부로 지냈다.

네 번째 뮤즈 마리 테레즈 월터Marie-Thérèse Walter, 1909~1977

올가와의 관계는 결혼 10년째부터 삐걱거렸다. 파리 지하철에서 만난 마리 테레즈 월터 때문이다. 마리 테레즈는 피카소 예술의 절정기에 함께한 뮤즈다. 마리 테레즈를 만난 후 피카소가 실현했던 거의 모든 미학이 종합적으로 표현됐다. 큐비즘과 마티스Henri Matisse의 영향을 받은 원색, 신고전주의와 초현실주의까지 합쳐진 화풍이었다. 피카소는 마리 테레즈를 '황금 같은 뮤즈'라 부르며 신비한 여신의 이미지로 표현했다. 마리 테레즈는 피카소 회화에서 에로스의 상징이었다. 피카소는 마리가 자거나 꿈꾸고 있는 모습을 화려한 색채와 곡선 위주의 풍만한 형태로 그렸다. 마리는 피카소와의 사이에서 두 딸을 낳았는데 피카소 사망 4년 뒤 "내가 저세상에 계신 네 아빠를 돌봐줘야 해."라는 유서를 딸에게 쓰고 자살했다.

피카소는 그녀의 금발, 빛나는 얼굴색, 조각 같은 몸매를 사랑했다. 22살의 마리 테레즈를 그린 〈꿈〉에서 이를 확인할 수 있다. 분홍빛 젊음을 내뿜는 마리 테레즈가 고개를 옆으로 젖힌 채

○ 마리 테레즈를 그린
<꿈>(1932)

잠들어 있다. 엷게 미소 띤 입과 부드럽게 감은 눈에서 평온함과 나른함이 느껴진다. 코를 분기점으로 쪼개어진 얼굴은 마치 의식과 무의식이라는 두 세계에 발을 걸치고 있는 꿈을 형상화하고 있는 듯하다.

다섯 번째 뮤즈 도라 마르Dora Maar, 1907~1997

공산주의자였던 피카소가 스페인 내전에서의 패배로 우울감에 억눌려 있던 때 피카소 앞에 등장한 뮤즈는 마리 테레즈와는 상반되는 매력을 가진 초현실주의 사진작가 도라 마르다. 피카소가 동시대의 다른 예술가들에 비해 많은 사진을 남긴 화가였던 이유는 바로 연인 도라 때문이다. 도라와의 관계는 부인 올가가 버젓이 살아 있고, 동거하는 애인 마리도 존재하는 상황에서 이루어졌다. 피카소는 도라 마르와 동거하면서 그가 경험한 세상의 비극을 화면에 담기 시작하는데, 그 첫 번째 그림이 바로

○ 도라 마르를 모델로 한 작품 <우는 여인>(1937년, 영국 런던 테이트갤러리)

도라 마르를 모델로 한 〈우는 여인〉이다. 1937년 작품인 피카소의 〈우는 여인〉은 〈아비뇽의 처녀들〉과 함께 피카소의 대표작으로 여겨지는 〈게르니카〉에서 아이를 안고 울부짖는 여인을 그리기 위한 스케치로서 측면과 정면이 함께 포착된 얼굴이다.

도라 마르 역시 피카소와 헤어진 후 정신착란증에 걸려 긴 시간 고통스러운 시절을 보내고 89세 나이로 사망했다.

여섯 번째 뮤즈 프랑스와즈 질로Françoise Gilot, 1921~2023

프랑스와즈 질로는 40년 연하의 여섯 번째 뮤즈다. 피카소의 뮤즈 중 피카소에게 먼저 이별을 고하고 떠난 유일한 여성이다. 그녀는 피카소와 이별 후 피카소의 화려한 여성 편력을 적나라하게 책으로 펴내 피카소의 나쁜 남자 이미지를 대중에게 각인시켰다.

피카소는 프랑스와즈를 '태양의 여인'이라고 불렀다. 도라 마르와의 동거 중에 만난 프랑스와즈와의 밀회를 위해 이용한 곳이 바로 피카소 미술관 다섯 군데 중 가장 아름다운 풍광을 자랑하는 프로방스 피카소 미술관이다. 피카소는 2차 대전 이후 다시 입체주의로 돌아가지만, 색상은 과거 입체주의의 단색이나 어두운 색상이 아니고, 친구 앙리 마티스의 영향으로 야수파 색상에 가깝게 변한다. 마티스 색상에서 영감받은 입체주의 작품은 프랑스와즈 질로를 그린 초상화들에서 볼 수 있다.

일곱 번째 뮤즈 재클린 로크Jacqueline Roque, 1926~1986

73세에 난생처음 여성에게 절연을 당한 피카소는 마음의 상처를 치료하기 위해 일곱 번째 여성인 재클린 로크를 만난다. 피카소는 80세가 되던 해인 1961년 재클린의 계속된 요구로 생애 두 번째 정식 결혼을 한다.

재클린과의 결혼 생활은 말년의 피카소를 예술세계로 몰입하게 만든 터전이 되었다. 이 시기는 재클린의 전공을 살려 피카소가 도자기 예술에 몰입한 시기이기도 하다. 이 시기는 피카소 생애를 통틀어 가장 왕성하게 작품을 한 시기로 재클린을 모델로 한 그림은 무려 400점에 이른다. 그녀는 피카소가 사망한 지 13년 뒤인 1986년 권총자살로 피카소를 따랐다.

피카소의 의상 스타일

피카소는 패션에 대한 견해가 남다른 화가였다. 그는 남들 눈에 띄는 것을 목표로 해서 아무도 입지 않는 복장 스타일을 즐겼다. 예를 들자면 커다란 양가죽 코트에 화사한 빨강 바지를 입고 투톤 색상의 구두를 신고 옅은 파랑 스웨터에 대비되는 핑크색 넥타이를 매치하는 식이다.

재킷도 평범한 핏은 멀리하고 아주 타이트하게 입거나 아주 헐렁하게 입어 일반적인 사람과는 동떨어진 색다른 멋을 즐겼다. 또 왜소한 체형을 크게 보이기 위해 입체적으로 재단된 셔츠를 즐겨 입었고 줄무늬 셔츠와 폴로셔츠, 브이넥 캐시미어 스웨터, 재즈풍의 타탄(체크)무늬 바지나 짧은 바지를 즐겨 입었다. 공식적인 자리에서는 영국 스타일의 의상을 좋아해서 스리피스 양복에 볼러 모자를 쓰고 지팡이를 들고 파이프를 물었다. 파이프와 베레모는 그의 중요한 의상 액세서리였다. 피카소는 예술가 중에서 역사상 가장 많이 사진을 찍은 사람으로 알려져 있는데 마치 영화배우나 정치가처럼 가짜 수염을 달고 카우보이 모자를 쓰고 인상을 찌푸리는 포즈를 취하길 즐겼다. 그는 의상을 통해서 자기 신화를 창조했고 자기가 입은 의상을 자신의 그림에 이용하기도 했다. 1915년에 그린 그림 〈파이프를 든 남자Man with a pipe〉는 자신의 의상 스타일을 분해해서 입체주의 그림으로

○ 〈파이프를 든 남자〉
(1915)

표현한 것이다.

피카소의 스트라이프 의상 사랑

피카소의 모습을 떠올릴 때 스프라이프(줄무늬) 의상을 입은 모습이 연상된다는 사람이 많다. 그만큼 피카소는 가로줄 무늬 티셔츠를 즐겨 입었다. 뿐만 아니라 그가 뮤즈들을 그린 작품에서도 스트라이프 의상 패턴이 반복해서 나타난다. 피카소는 남들이 쉽게 입지 않는 가로줄 무늬 바지도 즐겨 입었는데 특이하게도 가로줄 무늬 바지에 물 바랜 알록달록한 색상의 양말을 자주 매치했다.

피카소는 왜 스트라이프 패턴을 즐겨 입었을까? 남과 다른 개성을 중시한 피카소에게 스트라이프 무늬는 '다른 것과 다른 독특한 세련됨'이라는 수식어를 가지고 있는 것과도 무관하지 않은 것 같다. 스트라이프 무늬는 이슬람 문화권에서 사랑받는다는 이유로 구교도들에게 있어서 극도의 혐오 대상이었다. 십자군 원정 이후 로마 교황은 스트라이프 무늬 착용 금지령을 내릴 정도였다. 이 무늬는 사회 하층민들의 전유물이라고 여겨졌고 죄수복의 기본형은 반드시 스트라이프 무늬였다. 그런데 마르틴 루터Martin Luther가 종교개혁을 하면서 신교도들은 스트라이프 무늬를 기존 가톨릭에 대한 반항의 표식으로 여겨 즐기기 시작했다. 더욱이 미국이 독립전쟁에서 영국에 승리한 것은 스트라이프 무늬가 인기를 끄는 결정적인 이유가 되었다. 신생국가 미국이 스트라이프를 국기에 그려 넣은 후 가로줄 무늬에 대한 호감도는 급상승했다. 19세기 프랑스가 자국 해군 제복의 무늬로 쉽게 눈에 띄는 스트라이프 무늬를 택한 후 이때부터 스트라이프는 자유, 여행, 낭만의 이미지와 함께 마린 룩의 대표 이미

○ 이슬람 스트라이프
장식무늬

○ 프랑스 해군 취주악단

○ 반바지 위에
스트라이프 티셔츠를
입은 피카소

지가 됐다. 바로 이 자유와 낭만의 이미지가 자유로운 로맨티스트를 자처한 피카소가 스트라이프를 사랑하게 된 진짜 이유가 아닐까?

영화 <피카소>(1996)

영화 〈피카소Surviving Picasso〉(1996)는 피카소의 작품과 뮤즈와의 관계를 담은 영화다. 피카소의 여섯 번째 뮤즈인 프랑스와즈 질로와의 10년간의 생활을 담은 이 영화에서 피카소 역은 안소니 홉킨스Anthony Hopkins, 프랑스와즈 역은 나타샤 맥엘혼Natascha McElhone이 맡았다. 영화에는 여섯 번째 뮤즈 프랑스와즈와 함께 피카소 작품 생애에 영향을 미친 3, 4, 5, 7번째 뮤즈들이 함께 묘사되어 마치 드라마 〈사랑과 전쟁〉을 보는 듯하다.

영화 속 피카소는 여러 명의 여성들 사이에서 사랑과 애증, 집착과 시기를 한몸에 받고 있다. 여섯 번째 뮤즈인 프랑스와즈와 관계를 지속하면서도 피카소는 자신의 어린 딸을 키우고 있는 네 번째 뮤즈 마리 테레즈를 주기적으로 방문하고 있고 피카소를 향한 불타는 열정으로 가득한 다섯 번째 뮤즈 도라 마르는 정신 분열에 가까운 증세를 보이며 그에게 집착하고 있다. 영화에서는 피카소와 결혼해 아들 파블로를 키우고 있는 세 번째 뮤즈이자 정식 부인인 올가도 다른 여자에게 떠난 피카소를 저주하는 편지를 줄기차게 보내며 피카소를 맴돈다. 올가 부분은 영화의 재미를 위한 픽션으로 사실과는 다르다. 올가는 다른 여자와 동거에 들어간 피카소와 이혼을 원했지만 피카소가 이혼에 응하지 않았으니까. 그리고 일곱 번째 뮤즈 재클린 로크까지 등장한다.

뮤즈들의 질투에 관한 재미있는 일화가 영화에 소개된다. 피카소가 한참 〈게르니카〉를 작업하던 중 당시 연인이었던 다섯 번째 뮤즈 도라 마르와 네 번째 뮤즈 마리 테레즈가 피카소에게 자신들 중 하나를 선택하라고 하자 "나는 둘 다 좋아. 너희 둘이 싸우든가."라는 대답을 내뱉곤 다시 작업에 열중하는 장면이다.

의상감독 캐롤 램지Carol Ramsey는 피카소의 작품에서 표현된 뮤즈들의 의상을 재구성하여 캐릭터별로 다섯 뮤즈의 의상을 디자인했다.

○ 피카소 자화상
〈파이프를 든 남자〉
에서 영감받은 영화 속
안소니 홉킨스 의상

○ 영화 〈피카소〉에서
스트라이프 의상을 입는
마리 테레즈 월터 역의
수잔나 하커

영화에는 당대 최고의 화가인 앙리 마티스도 등장한다. 실제로 피카소는 마티스의 재능에 질투를 했다고 한다. 피카소는 연인이며 화가인 프랑스와즈를 마티스에게 소개시켜 주어 그녀의 예술 활동을 지원한다. 프랑스와즈는 피카소의 아이들을 낳고 그와의 관계를 단단히 하기 위해 힘쓰지만 피카소의 잠시도 쉴 새 없는 파렴치한 애정행각에 지쳐 피카소의 일곱 뮤즈 중 유일하게 피카소를 먼저 차버리는 결정을 한다. 프랑스와즈가 떠나는 장면에서 생전 처음 뮤즈에게 버림을 받은 피카소가 떠나지 말아 달라고 엉엉 우는 모습이 흥미롭다. 피카소를 떠난 프랑스와즈는 『피카소와 함께한 삶』이란 책을 출간해 피카소와 살았던 10년 세월 동안 참기 힘들었던 고통에 대해 적나라하게 밝힌다. 이 영화는 바로 프랑스와즈가 집필한 책을 바탕으로 제작되었다. 피카소를 떠나 자유를 택한 프랑스와즈는 다른 뮤즈들과 달리 102세까지 장수했다. 이 영화는 피카소의 일곱 명 뮤즈에게 얻은 영감을 바탕으로 탄생한 피카소의 작품들을 실컷 감상할 수 있다.

하이패션과 예술작품의 영원한 조우

패션과 미술의 공통점을 들라면 형과 색이 결합되는 조형성이다. 이 둘의 공통점으로 인하여 세계적인 거장 패션아티스트들은 매혹적인 회화의 이미지를 의상에 도입해 독창적인 패션디자인을 선보여 왔다. 현대 미술사의 대표적 작가로 일생에 걸쳐 다양한 양식의 변화를 보여주었고 큐비즘을 통해 새로운 조형방법을 제시한 피카소의 회화는 많은 디자이너들이 그 조형적 특징을 의상에 도입하고 있다.

피카소가 영향을 미친 패션 스타일에는 기하학적 패턴과 형태, 대담한 색상의 조합, 과장된 형태, 콜라주 형태의 의상을 들 수 있다. 패션디자인에서는 의상의 구조, 겹쳐 입기, 기하학적 형태, 심플한 커팅 라인으로 피카소 그림이 적용되었다. 이 중에서도 피카소 그림의 과장된 형태는 '파워 숄더'란 이름으로 패션 트렌드에 커다란 영향을 미쳤다. 새로운 한 해를 맞이할 때마다 패션 업계는 앞선 트렌드를 제안하며 우리의 옷장을 한층 더 업그레이드해준다. 2025년의 중요 패션 트렌드는 지나치게 어깨가 과장되어 과감하고 독특한 실루엣을 강조하는 '파워 숄더'다.

○ 피카소 작품에 영향을 받은 파워 숄더 디자인. 2025년 이브 생 로랑 패션쇼

○ <테이블 위의 기타> (1920)

○ <테이블 위의 기타>에서 영감받은 1988년 이브 생 로랑 패션쇼 의상

큐비즘을 입다

　피카소 작품에 영감을 받은 의상을 패션쇼에 선보인 첫 번째 디자이너는 이브 생 로랑Yves Saint Laurent이다. 1988년 패션쇼에서 이브 생 로랑은 피카소뿐 아니라 조르주 브라크Georges Braque, 앙리 마티스, 반 고흐Vincent van Gogh에게 영감을 받은 패션도 함께 선보였다.

　피카소 오마주 의상은 1980년대로 끝나지 않는다. 2012년엔 미국 디자이너 오스카 드 라 렌타Oscar de la Renta와 독일의 질 샌더Jil Sander, 2015년엔 프랑스의 자크뮈스Jacquemus, 2016년엔 이탈리아의 엘사 스키아파렐리Elsa Schiaparelli와 네덜란드의 빅터 앤 롤프Viktor & Rolf에 의해 다시 재현되었다. 오스카 드 라 렌타는 패션쇼에서 피카소 회화의 라인, 형태, 밝은 컬러를 도입해 큐비즘 의상을 선보였고 패션에서 즐거움을 선보이는 디자이너로 유명한 빅터 앤 롤프도 2016년 봄/여름 기성복 패션쇼에서 피카소의 큐비즘을 선보였다.

○ 피카소의 입체파 그림을 응용한 2012년 오스카 드 라 렌타의 큐비즘 의상

○ 피카소 작품을 응용한 2016년 엘사 스키아파렐리 의상

○ 2015년 자크뮈스 패션쇼에서 <테이블 위의 기타>에 나오는 라인과 색상을 응용한 의상을 입은 모델이 <아비뇽의 처녀들>에서 영감받은 메이크업을 한 모습

○ 피카소 큐비즘을 응용한 빅터 앤 롤프의 2016년 작품

PICASSO 47

○ <아비뇽의
처녀들>에서 영감받은
2020년 모스키노
패션쇼의 제레미 스캇
디자인

○ 2020년 모스키노
패션쇼 백스테이지의
피카소 그림 의상들

2020년엔 아방가르드 디자인으로 패션쇼 런웨이에 즐거움을 선사하는 모스키노 브랜드의 제레미 스캇Jeremy Scott이 피카소의 1907년부터 1943년 작품을 패션으로 탈바꿈시켜 드라마틱하게 과장된 키치 분위기가 가득한 쇼를 선보였다. 모델은 캔버스 역할을 했고 의상은 회화 작품이나 조각 작품 역할을 했다. 입체주의의 각진 형태로 피카소의 색채를 이용해 삼차원 형태로 실루엣을 이루고 피카소의 작품에서 딴 황소머리, 바이올린, 빈 깡통 등을 액세서리로 들고 나와 고급스러운 아트와 팝문화를 결합시켰다.

KAHLO

세계적 패션스타일 아이콘 프리다 칼로

<프리다>(2010)

라틴아메리카 문화 아이콘, 교통사고 장애자, 페미니스트, 세계적 패션스타일 아이콘.

문화와 패션을 사랑하는 사람이라면 이 키워드들을 듣고 떠오르는 여성이 있을 것이다. 바로 20세기 멕시코 예술의 아이콘으로서, 작품이 모두 멕시코의 국보로 지정됐으며 멕시코 화폐 500페소의 주인공인 프리다 칼로Frida Kahlo, 1907~1954다.

프리다 칼로의 작품세계

프리다 칼로는 멕시코를 대표하는 작가이자 라틴아메리카를 상징하는 화가다. 자신만의 세계를 개성적으로 구축한 프리다의 작품은 현대 미술사에서 특별한 의미를 갖는다. 프리다가 제3세계의 여성 작가로서는 드물게 국제적인 인지도를 지니게 된 배경에는 페미니즘 미술이 있다. 1970년대부터 나타나기 시작한 페미니즘 미술은 여성을 남성에게 종속된 소유물로서가 아닌 여성만의 고유한 영역으로 제시했다. 프리다의 그림은 전반적으로 강렬하고 화려한 색채감을 바탕으로 초현실주의와 페미니즘 요소를 반영했다. 그녀는 어린 시절 버스가 전차와 충돌하는 큰 사고로 왼쪽 다리 열한 곳과 오른발이 골절되고 요추, 골반, 쇄골 등의 부위뿐 아니라 갈비뼈도 부러져 죽을 때까지 서른다섯 번의 수술을 했다. 하반신 마비 장애를 안고 살아가야 했던 프

○ 멕시코 500페소
지폐에 새겨진
프리다 칼로

리다는 자화상을 통해 여성이자 장애인으로서 겪어야 했던 고
통과 내면을 표현했다. 이에 더하여 그녀의 작품은 조국 멕시코
문화의 뿌리가 되는 아즈텍 문명과 스페인 침공 이후의 혼혈 문
화까지 더해진 라틴아메리카 특유의 역사를 재창조해 보여주고
있다.

프리다 칼로의 자화상

프리다에게 미술이란 무너진 삶을 지탱한 유일한 희망이었다.
그녀의 198개 작품 중 55개가 자화상이다. 프리다는 자신의 이
미지를 가장 중심적인 소재로 그리면서 여성으로서 자신 안에
녹아 있는 세상의 모든 불합리와 모순, 고독, 소외를 묘사했다.

<두 명의 프리다>(1939)

프리다의 남편 디에고 리베라는 태생이 바람둥이였다. 그런데
남편 디에고의 바람기는 결국 선을 넘고 말았으니, 프리다의 친
여동생과 불륜을 저지른 것이다. 당시 프리다의 심정을 고스란
히 담은 그림이 1939년작 <두 명의 프리다>다. 어두운 배경에 동
맥으로 연결되어 있는 각기 다른 복장의 두 프리다가 앉아 있다.

○ <두 명의 프리다>
(1939)

○ <가시 목걸이를 한
자화상>(1940)

유러피안 스타일의 레이스 달린 화려한 흰 드레스를 입은 왼쪽 프리다의 심장은 잘려져 있고 치맛자락 위에 가위로 잘린 혈관이 보인다.

이와 대조되게 초록 스커트에 파랑과 노랑색 블라우스의 멕시칸 스타일 의상을 입고 있는 오른쪽 프리다는 건강한 심장을 가지고 있으면서 왼쪽 프리다에게 건강한 피를 나눠주고 있는 듯 보인다.

<가시 목걸이를 한 자화상>(1940)

프리다 그림 중 <가시 목걸이를 한 자화상>은 자신이 처한 상황을 잘 드러낸 그림으로 평가된다. 가시 목걸이는 가시 면류관을 쓴 예수를 연상하게 하며 그녀가 입은 하얀 가운은 순교자적 고통을 암시한다. 가시 목걸이를 당겨서 상처를 악화시키는 원숭이는 고통의 대상인 남편 리베라를 상징하는 것으로 해석된다. 그러나 그녀는 그림에 희망의 끈도 심어두었다. 희망의 상징 벌새가 하단에 그려져 있고 아름답게 땋은 머리 위에는 나비가 날고 있다.

<부러진 척추>(1944)

프리다의 그림 중 가장 인상적인 작품은 <부러진 척추>이다. 신체적, 환경적 고통을 정신적으로 이겨내고 있는 자신의 의지를 표출한 그림이다. 얼굴과 몸 전체에 박혀 있는 못은 일생 동안 그녀가 겪은 서른다섯 번의 수술의 고통을 의미하며, 그녀의 중심을 관통하고 있는 기둥은 교통사고 당시 그녀의 자궁을 뚫고 나간 기둥을 의미한다. 벌거벗은 상반신의 망가져 있는 척추는 정형외과 용 코르셋으로 조여진 채 간신히 지탱돼 있고 얼굴과 몸통에는 작은 못이 무수히 박힌 채 눈에서는 하얀 눈물이

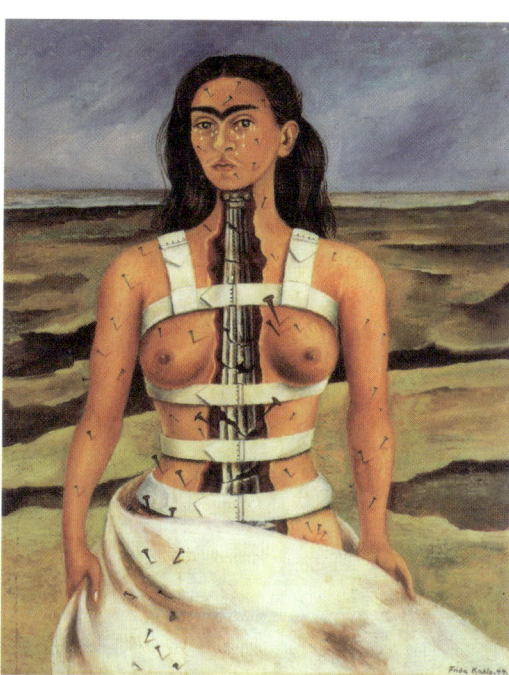

○ <부러진 척추>
(1944)

○ <상처 입은 사슴>
(1946)

흐르고 있다.

그런데 이 그림에서 프리다는 자신의 가슴, 허리, 엉덩이를 완벽한 비례로 그렸다. 이는 신체의 내부는 비록 부서졌지만 외적으로 표출되는 자신의 모습은 성적이고 관능적인 면을 나타내고자 한 것으로 풀이된다.

<상처 입은 사슴>(1946)

〈상처 입은 사슴〉은 그녀의 건강이 극도로 악화되었을 때 그린 그림이다. 프리다의 얼굴에 몸통은 사슴의 형상이다. 사슴은 바로 그녀 자신이고 몸에 박힌 화살은 그녀 삶의 상처다. 그녀의 고통스런 현실은 부러진 나뭇가지가 땅에 쓰러져 있는 것으로 표현되고 있다. 그러면서도 그녀의 눈만은 매우 투명하고 강한 빛을 내뿜고 있어 고통에도 불구하고 희망은 있다는 것을 암시한다.

남미 미술품 최고가격

프리다 칼로의 자화상 〈디에고와 나〉는 2021년 소더비경매에서 한화로 환산한 금액 413억 원에 낙찰되었다. 남미 현대미술품 경매가 기록을 깬 가격이다. 프리다 칼로가 죽기 5년 전인 1949년에 그려진 마지막 자화상으로서 프리다의 검은 눈썹 사이에는 남편 디에고의 초상이 그려져 있고 디에고의 이마 한가운데에는 눈동자 세 개가 있는 초현실주의적 그림이다. 이 그림은 2018년 경매에서 약 115억 원에 낙찰된 남편 디에고 리베라의 〈경쟁자들〉을 훌쩍 뛰어넘는 가격이다. 디에고 이마에 그려진 세 개의 눈은 그림을 그릴 당시 남편과 염문에 휩싸인 프리다의 친구이자 영화 배우였던 마리아 펠릭스와의 삼각관계를 의미한다. 프리다의 양쪽 눈에서는 눈물방울이 떨어지고 있고 눈물을 흘리고 있는 프리다의 목에는 셀 수도 없이 많은 머리카락이 목을 조이고 있어 그녀의 고통을 실감케 한다.

○ 413억 원에 낙찰된
남미 최고가 작품
<디에고와 나>(1949)

영화 <프리다> (2002)
"이 외출이 행복하기를 그리고 다시 돌아오지 않기를"

줄리 태이머Julie Taymor 감독의 2002년 영화 〈프리다〉는 미국의 역사가이자 작가인 헤이든 헤레라Hayden Herrera의 『프리다 칼로』를 원작으로 하여 멕시코의 상징 프리다를 재현한 영화다. 이 영화는 영화 팬들 사이에서 '꼭 봐야 할 영화'로 손꼽힌다. 영화의 주인공 역은 마돈나, 제니퍼 로페즈 등 쟁쟁한 경쟁자를 물리치고 프리다 칼로의 오랜 팬이었던 멕시코 태생의 셀마 헤이엑Salma Hayek이 맡았다. 영화의 스태프들은 대부분 멕시코인들로 구성되었다. 남편 디에고 리베라 역에는 로버트 드니로, 말론 브란도 등이 언급되었으나 최종 알프레드 몰리나Alfred Molina에게로 돌아갔다. 스태프들은 멕시코 역사상 가장 중요한 두 사람으로 알려진 프리다와 프리다의 남편 디에고의 이야기를 만들어 낸다는 자부심과 책임감으로 똘똘 뭉쳤다. 영화는 2003년 아카데미 시상식에서 여우주연상, 의상상, 주제가상, 미술상에 노미네이트되었고 작곡상, 분장상을 수상했다. 엘리엇 골든탈Elliot Goldenthal은 멕시코 전통음악과 라틴 음악을 절묘하게 결합하여 2003년 아카데미 작곡상을 따냈다. 영화에 등장하는 작품을 위해 제작진은 40명의 목수와 35명의 세트화가, 그리고 15명의 프리다·디에고 전문 복제화가를 동원해 50점에 달하는 프리다와 디에고의 그림을 복원했다고 한다.

영화는 프리다가 전차 사고로 참혹한 부상을 입은 뒤부터 죽음 직전까지 30년간의 자유분방하고 대담한 삶과 예술을 담아냈다.

전차 사고 이후 병상에 누워 있을 때 그림을 그리기 시작한 프리다는 당대 최고의 화가였던 디에고 리베라와 스물한 살의 나이 차를 극복하고 정치적 동지이자, 예술적 동료로 부부의 연을 맺는다. 그러나 그녀는 교통사고 후유증으로 인한 육체적 고통과 남편의 바람기로 인해 정신적 고통을 겪는다. 프리다는 자신의 고통을 실제 작품 속에 그려낸다. 그의 작품이 삶이요, 삶이 작품인 셈이다. 영화 속에 보여지는 작품들은 작품이 탄생하게 된 배경과 프리다의 고통과 즐거움을 고스란히 전해준다. 자신의 친동생과 남편의 외도로 분노에 찬 프리다가 머리를 싹둑 자르고 양복을 입은 모습은 〈짧은 머리의 자화상〉으로, 뱃속의 아이를 잃고 절규하던 모습은 〈생명의 열매〉로, 디에고 리베라의 타고난 바람기로 인한 이혼의 고통은 〈두 사람의 프리다〉로, 말년에 척추가 내려앉아 고통스럽게 신음하던 모습은 〈부러진 척추〉로 작품을 이어간다. 영화에 등장하는 프리다의 대표작 50편이 내레이션 역할을 하며 그림에서 사건으로, 사건에서 그림으로 넘나든다.

영화 속 의상

그런데 영화에서 무엇보다 우리가 눈여겨볼 것은 의상이다. 영화의 의상디자인을 담당한 줄리 와이스Julie Weiss는 멕시코의 의상실, 상점, 역사책을 샅샅이 뒤져 스타일 아이콘인 프리다의 의상을 고스란히 복원해냈다. 영화 의상의 색상은 프리다 칼로의 그림 색상에서 땄고 드레스 디자인은 프리다가 자화상에서 입은 의상을 카피했다. 영화 의상은 정확한 역사적 고증으로 이루어졌다. 결혼식을 올리는 장면에서 프리다가 입은 드레스는 서양식 웨딩드레스가 아니라 테우안테펙 지방 원주민 여자의 옷이다.

○ 붕대 코르셋을
하고 자화상 <부러진
척추>를 그리는 영화 속
프리다의 모습

○ 영화 속 프리다와
리베라. 프리다가 그린
<디에고 리베라와
프리다> 그림에서
입은 의상을 그대로
재현했다.

영화 속에서 가장 극적인 장면은 바람둥이 남편 리베라가 자신의 친여동생과 불륜을 저지른 사실을 알고 난 뒤의 의상 변화다. 그녀는 자신의 긴 머리를 싹둑 자른 다음, 리베라가 특별히 사랑했던 테후아나 의상을 버리고 남자처럼 옷을 입었다. 자화상에는 심지어 수염도 그려 넣었다.

프리다 칼로의 상징 테후아나 패션

프리다의 트레이드마크가 된 멕시코 전통 테후아나 의상은 크게 주름진 허리띠가 있는 긴 치마, 네모 형태의 블라우스, 땋은 머리와 꽃으로 장식한 헤어스타일의 세 가지 요소로 구성된다. 테후아나 의상은 프리다의 신체적 장애를 가려주는 효과적인 수단이었다. 여섯 살 때 소아마비를 앓아 오른쪽 다리가 제대로 자라지 못해 다리를 절었고 또 1953년 오른쪽 다리를 절단한 이후에는 의족까지 착용해 중증 장애인이 된 프리다는 신체적 결점을 보강하는 패션 수단으로 테후아나 의상을 이용했다. 패턴이 들어가고 주름진 허리띠가 있는 긴 드레스는 프리다의 다리를 가려주고, 살랑거리는 긴 치마의 움직임은 절뚝거리는 발걸음을 감추는 데 효과가 있었다. 이 스타일은 머리와 얼굴, 상반신에 눈길을 집중시켜 사고를 당해 장애가 있는 하체에서 시선이 멀어지게 했기 때문에 그녀의 매력적인 미모를 돋보이게 하는 이중 효과를 주었다. 그녀는 자수와 패턴이 들어간 강렬한 색상의 긴 드레스, 프릴 달린 앞치마, 프린지 장식이 달린 스카프, 수를 놓은 주름과 리본이 있는 머리 장식, 여러 가지 빛깔의 리본과 장신구를 부착한 정교한 헤어스타일 등 자신만의 독특한 방식으로 화려하게 외모를 꾸몄다. 롱스커트 안에 입은 페티코트(속치마)에는 멕시코의 음란한 속어들을 수놓아 강한 자기애를 표현하며 사람들의 주목을 이끌어냈다.

또한 프리다는 토착 의상인 테후아나를 멕시코의 문화적 정체성과 민족적 자부심을 상징하는 시각적 기호로 활용했다. 1910년 백인 지배자들을 상대로 라틴아메리카 원주민의 권익을 보호하기 위한 멕시코 혁명이 일어났다. 디에고와 프리다는 이 혁명의 열렬한 지지자였다. 테후아나 패션은 멕시코의 고유한 문화와 생활방식을 보존하고 부흥시켜야 한다는 프리다의 정치적 신념을 반영했다. 그녀는 자아 정체성을 강화하는 동시에 멕시코의 자유를 위한 투쟁의 상징으로 전통 의상을 전략적으로 활용한 것이다.

패션은 강력한 자기표현 방식이다

프리다 칼로는 패션을 예술의 표현 수단으로 사용해 개인적, 문화적, 정치적 정체성을 만들어낸 독보적인 예술가다.

이미지와 태도의 중요성을 누구보다도 잘 알았던 프리다는 자신이 그녀 예술의 창작물이었다. 그녀는 인생을 연극이라고 생각했고 패션이 그녀의 연극 의상이라고 생각했다. 그만큼 패션은 그녀 인생에서 그림만큼이나 중요한 부분을 차지했다.

프리다 칼로의 예술 스타일이 성립된 1920~30년대에는 그녀의 그림뿐 아니라 그녀가 입은 패션 및 주얼리 스타일도 주목을 받게 된다. 프리다는 남편 디에고 리베라와 멕시코, 미국 등지를 여행하면서 인디언들의 전통 주얼리를 수집하여 뼈를 이용한 반지, 터키석 목걸이 등의 액세서리를 치장하여 그녀만의 스타일을 완성했다. 특히 걸을 때마다 절거덕절거덕 소리가 날 정도로 크고 요란한 장신구들을 사랑했다. 평소에도 양손

가득 반지를 즐겨 꼈고 장미가 새겨진 다이아몬드 금니로 자신을 남다르게 표현했다. 그녀의 트레이드마크인 멕시칸 민속 스타일의 옷은 대담하고 화려한 색상의 액세서리로 더욱 돋보였다.

패션과 미술을 융합한 프리다의 작품과 패션은 1930~40년대 멕시코 문화의 상징이 됐고 그녀를 20세기 패션 아이콘으로 만드는 역할을 했다.

디자이너들의 스타일 아이콘

대담한 아방가르드 패셔니스타인 프리다는 예술을 사랑하는 사람, 컬렉터, 개성적 취향의 사람, 드라마틱한 러브스토리를 경험한 사람, 색다른 것을 좋아하는 사람 등 다양한 취향의 사람들에게 꾸준히 사랑받고 있다. 특히 1940년대부터 현재까지 세계적인 패션디자이너들에게 끊임없이 디자인 영감을 주고 있다.

프리다는 1939년, 세계적인 패션 잡지 『보그』 파리판의 표지 모델이 되었다. 모델이 아닌 멕시코 예술가가 세계적 패션 잡지의 표지를 장식하게 된 것은 이례적인 일이 아닐 수 없다. 그녀는 잡지에서 평소 자신의 패션스타일인 토속 의상과 액세서리 등을 착용했다.

강력한 자기표현 방식이었던 그녀의 스타일은 현재까지도 꾸준히 재해석되어 현대 패션에 많은 영향을 주고 있다. 1940년대 파리의 대표적인 디자이너 엘사 스키아파렐리가 프리다의 멕시코 전통복을 입은 모습에 반해 '리베라 부인의 드레스'라 이름 붙인 옷을 만들어 패션지에 선보인 이후 그녀의 아이코닉 스타일인 일자로 이어진 눈썹, 머리 꼭대기부터 땋아 뒷부분에서 둥글게 연결한 머리, 멕시칸 전통을 활용한 의상은 장 폴 고티에,

○ 1939년 『보그』 잡지 표지모델로 발탁된 프리다 칼로의 의상스타일

○ 프리다의 환자용 보철 코르셋에 영감받아 제작한 영화 <제5원소>의 밀라 요보비치 붕대의상

○ 프리다의 환자용 보철 코르셋에 영감받은 장 폴 고티에의 마돈나 콘 브라

지방시의 리카르도 티시, 돌체 앤 가바나, 알렉산더 매퀸, 존 갈리아노, 크리스티앙 라크루아, 발렌티노, 켄조, 빅터 앤 롤프, 칼 라거펠트, 모스키노, 캐롤라이나 헤레라, 레이 가와쿠보 같은 세계적 패션디자이너들이 앞다투어 디자인에 차용하고 있다.

장 폴 고티에는 1990년 프리다의 환자용 보철 코르셋에 영감을 받아 팝가수 마돈나의 유명한 콘 브라를 디자인했고 1997년 영화 〈제5원소〉에서 의상을 맡은 고티에는 영화의 아이코닉 의상인 밀라 요보비치의 붕대의상을 또 한번 프리다의 붕대 보철 의상에서 차용해서 디자인했다.

1998년 봄/여름 컬렉션에서 고티에는 프리다의 멕시코 드레스에서 영감받은 열아홉 개의 드레스를 선보였다.

프리다 칼로의 삶이 투영된 파리 패션박물관 전시

그녀가 세상을 떠난 지 70년 가까이 흐른 2022~2023년, 파리 패션박물관(팔레 갈리에라)은 오랫동안 비공개였던 프리다 칼로의 옷과 장식품, 코르셋과 의료품, 보조 기구 등 다양한 오브제 200여 점을 전시했다. 2018년에 전시되었던 영국 빅토리아 앨버트 뮤지엄의 프리다 전시보다 훨씬 방대한 규모로 이루어졌다. 파리 패션박물관에서 진행되는 프리다 칼로 전시회는 옷으로 자신을 표현했던 프리다 칼로의 삶과 정체성을 엿볼 수 있었다. 프리다 칼로가 태어나고 자란 저택에 남겨져 있던 다채로운 색상의 멕시코 전통 드레스, 프리다 칼로가 수집했던 콜롬버스 이전 시대의 목걸이, 그녀가 직접 그림을 그려 꾸민 코르셋과 의족, 편지 등으로 이루어진 그녀의 개인 소장품들이 전시되었다.

전시에는 장 폴 고티에, 요지 야마모토, 마리아 그라치아 치우리, 알렉산더 매퀸, 레이 가와쿠보, 리카르도 티시, 칼 라거펠트

○ 프리다 칼로의 생전
모습과 장 폴 고티에의
1998년 패션쇼 의상

○ 프리다 패션을 응용한
2018년 돌체 앤 가바나
패션쇼

KAHLO 67

○ 2018년 영국
빅토리아 앨버트
뮤지엄의 프리다 칼로
패션 전시

○ 2022~2023년 파리
패션박물관의 프리다
칼로 패션 전시

등 디자이너들이 프리다의 패션스타일을 차용해 발표한 작품들이 함께 선보였다.

한국에서 열린 프리다 전시회

국내에서는 2015년 세종문화회관 미술관과 소마미술관에서 프리다 전시회가 성황리에 개최된 데 이어서 2016년 예술의 전당에서 프리다 칼로와 디에고 리베라의 작품 총 150여 점 전시되었다. 2023년 현대백화점에서 열린 프리다 칼로 오리지널 사진전 〈프리다 칼로: 삶의 초상〉에서는 프리다 사진 147여 점이 공개되었다.

GOGH

"나는 블루색 안에 노랑과 오렌지 색을 본다" 빈센트 반 고흐

<열정의 랩소디>(1956)

　　반 고흐의 작품이 전 세계인들의 사랑을 받는 이유가 무엇일까?

　　후기 인상파 천재 화가 반 고흐Vincent Willem van Gogh, 1853~1890는 네덜란드의 영웅으로 칭송받고 있다. 미술에 큰 관심이 없거나 반 고흐에 대해서 잘 알지 못하는 사람이라도 그가 그린 〈해바라기〉나 〈별이 빛나는 밤〉은 보았을 것이다.

　　"나는 블루색 안에서 노랑과 오렌지색을 본다."

　　고흐가 보는 사물의 색은 달랐다. 그가 보는 하늘은 초록색이고 구름은 분홍색, 길은 청색이다. 눈부신 색채에 대한 희망을 품고 남프랑스 아를로 이주한 고흐는 보색의 대비를 이루면서도 순수하고, 강력한 색채의 그림을 그렸다. 그는 색채를 통해서 소재가 지닌 본질, 특성, 감정을 표현했다. 그가 즐겨 사용하는 보색은 결코 야하지 않고 오히려 순수했다. 보색이지만 상대 색을 약화시키거나 결합시키는 중간 색조를 사용함으로써 보색이 조화로운 효과를 만들어냈기 때문이다.

　　아를 시기에 이르러 고흐의 화풍은 완성 단계에 이르게 되는데, 바로 화려한 색채와 독특한 붓 터치 때문이다. 그는 물감을 희석하지 않을 뿐 아니라 가끔 물감을 튜브에서 짜서 직접 화폭에 바르기도 했다. 물감을 두껍게 칠하는 임파스토 기법으로 인해서 붓 자국은 입체적으로 보였고, 강렬한 모습으로 표현됐다.

고흐 작품의 또 하나의 커다란 특징 중 하나는 강렬한 선 작업이다. 생레미 시절에 특히 두드러지는 이런 선들은 나선, 원, 물결 등의 모양으로 형상을 구성하는 방식을 취했다. 유명한 〈별이 빛나는 밤〉은 이런 독특한 선으로 구성된 대표적 작품이다. 이 그림은 작업실을 함께 쓰던 화가 고갱Paul Gauguin과 다투고 고흐가 자신의 귓불을 자른 사건이 일어난 후 요양병원에 지낼 당시 그린 그림이다. 고흐에게 밤하늘은 무한함을 표현하는 대상이었다. 작품 활동 중반으로 갈수록 고흐의 붓 터치는 더 두꺼워지고 열정적으로 변했으며 꿈틀거리는 선으로 자신의 감정을 더욱 격렬하게 표현하였다. 현존하는 가장 상징적인 예술작품 중 하나로서 표현주의 양식의 나선으로 표현되어 소용돌이치는 밤하늘은 관람자들에게 강한 감정 반응을 불러일으킨다.

고흐 화풍에 영향을 준 화가들

사촌 안톤 모베Anton Mouve에게 그림의 기초를 배운 것 외에는 그림에 대한 정규 교육을 받은 적이 없는 고흐는 자신이 존경하던 화가들의 그림을 보고 그것을 모사하면서 독학으로 기법을 익혀나갔다.

고흐의 대표적 스타일인 거친 붓 터치와 음영이 뚜렷한 기법은 렘브란트Rembrandt Harmenszoon van Rijn나 프란스 할스Frans Hals 같은 네덜란드의 옛 거장들로부터 시작되었다. 고흐가 좋아하는 소재인 자연 속의 평범한 사람들 그림에 영향을 준 화가는 장프랑수아 밀레Jean-François Millet다. 고흐의 그림 중에 밀레의 모사가 많은 것이 그 이유다. 또한 고흐는 조르주 쇠라Georges Seurat와 외젠 들라크루아Eugène Delacroix의 영향도 받았다. 쇠라에게는 점묘법의 영향을 받아 붓 터치가 점 모양을 띠는 양상으로 변화했고 들라크

○ <별이 빛나는 밤>
(1889)

○ <탕기 영감의
초상>(1887, 파리
로댕미술관)

루아에게서는 대담한 색채의 활용을 습득했다.

그런데 누구보다도 가장 큰 영향을 받은 화가는 클로드 모네 Claude Monet다. 어둡던 고흐의 화풍은 1886년 파리에서 모네의 인상주의 그림을 발견하면서부터 밝은 색상과 빛으로 가득한 야외 풍경으로 바뀌었으니까. 시작은 모네였지만 그의 그림은 곧 자신만의 독특한 방법으로 굳어졌다. 고흐에게 색상은 그의 감정 세계를 표현하는 도구였다.

유럽의 대가들 외에 고흐가 영향을 받은 화풍이 하나 더 있다. 바로 일본 그림이다. 당시 일본 메이지유신의 전략에 따라 일본 문화가 유럽 만국박람회에 소개되었다. 일본 문화와 예술은 만국박람회를 통해 급속도로 유럽인들의 관심을 끌게 되었는데 그들 중에서 가장 많이 영향을 받은 화가가 고흐다. 고흐의 1887년 〈탕기 영감의 초상〉의 배경에는 일본 판화가 잔뜩 그려져 있다. 일본의 목판화 '우키요에'에 영향을 받아 자신만의 고유한 스타일을 전개했음을 알 수 있다.

동생 부부 테오와 요한나

고흐의 동생 테오Theo van Gogh는 형의 재능을 일찍이 알아보고 어려운 환경 속에서도 형이 계속해서 그림을 그릴 수 있도록 아낌없이 지원하는 조력자였다. 테오는 평생 형을 경제적, 정신적으로 지지했다. 예술에 대한 고흐의 생각과 이론은 대부분 1872년부터 1890년까지 고흐가 테오에게 보낸 663통의 편지들 덕분에 세상에 알려지게 되었다.

고흐가 그림을 그릴 수 있던 것은 고흐의 동생 테오의 경제적 지원 덕분이지만 고흐가 거장으로 알려지게 된 것은 테오의 아내 요한나 덕이다. 살아생전 단 한 개의 작품만을 판매한 고흐였지만 1987년에 반 고흐의 그림 〈아이리스〉는 뉴욕의 소더비에서 5,390만 달러(2025년 현재 환율로 750억 원)에 팔렸다. 1990년 〈가셰 박사의 초상〉은 크리스티 경매에서 8,250만 달러(약 1,155억 원)에 팔리며, 미술경매 최고가 기록을 세웠다. 테오의 아내 요한나 덕분이다.

영어, 프랑스어, 네덜란드어를 할 수 있는 재원이었던 요한나는 테오와 친분이 있던 미술계 인물들을 중심으로 고흐의 작품을 소개했고 그의 그림을 전시하는 데 성공했다. 고흐의 첫 전시회가 열린 것은 그가 죽은 지 2년 뒤였다. 1901년 3월 파리에서 71점의 그림을 전시한 이후에 고흐의 명성은 급속도로 커져서 1930년대부터는 대중적인 인기를 누리기 시작했다. 고흐 사후 15년인 1905년 스데넬리크 뮤지엄에서는 고흐 그림 484점의 작품을 전시한 대규모 회고전이 열렸고 이로써 고흐는 거장의 반열에 오르게 되었다. 요한나는 고흐의 그림에 스토리텔링을 부여해서 고흐의 명성이 올라가는 데 기여했다. 그녀는 유럽에 만족하지 않고 미국으로 이동하여 3년 동안 전시회를 열며 고흐의 그림을 홍보했고 고흐가 남긴 편지를 정리해 책으로도 출간했다.

그녀는 1914년 『반 고흐, 영혼의 편지』를 네덜란드어와 독일어로 출간한 후 영문판으로 출간하는 것을 목표로 손수 번역했다. 책의 영문판이 출간된 후 고흐의 명성은 더욱 높아졌다.

반 고흐의 작품이 현대미술에 지대한 영향을 끼치게 된 것은 그의 천재성에 더하여 테오와 요한나 부부에 의해 밝혀진 드라마틱한 삶이 잘 어우러진 덕분이기도 하다.

반 고흐 미술관

    고흐의 명성을 더한 사람이 한 명 더 있다. 고흐의 조카, 빈센트 반 고흐 주니어Vincent Willem van Gogh, jr이다. 형을 누구보다 사랑한 동생 테오는 자신의 아들에게 형 빈센트의 이름을 물려주었다. 반 고흐 주니어는 물려받은 고흐의 그림 700여 점과 자필 편지 등을 네덜란드 정부에 기증하여 1973년 네덜란드의 대표 관광 명소가 된 '반 고흐 미술관'을 세웠다. 반 고흐 미술관은 반 고흐의 작품을 중심으로 전 세계에서 반 고흐 작품을 가장 많이 소장하고 있는 미술관으로 매년 전 세계에서 130만 명의 관람객들이 모이는 곳이다.

○ 고흐의 <아이리스>
(1889)

반 고흐 미술관과 패션 브랜드 '밴스'의 협업

반 고흐 미술관은 2018년 젊은이들이 좋아하는 네덜란드 스트리트웨어 브랜드인 밴스Vans와 협업해 반 고흐의 상징적인 그림인 〈해골〉(1887), 〈꽃 피는 아몬드 나무〉(1890), 〈해바라기〉(1889), 〈고흐 자화상〉(1887~1888)에서 영감받은 한정판 스니커즈 패션 시리즈와 야구점퍼와 모자, 후디, 티셔츠, 백팩으로 비즈니스를 론칭, 전시함으로써 패션과 아트의 조우를 일깨워주었다.

○반 고흐 미술관과 밴스의 콜라보 의상, 2020. 고흐 작품 〈아이리스〉에서 영감을 받았다.

영화 <열정의 랩소디>(1956)

고흐처럼 일생이 영화로 많이 만들어진 화가는 없을 것이다. 다큐멘터리를 제외하고도 반 고흐에 대한 극영화만 열 편이 넘는다. 이 중에서도 고흐를 잘 표현한 영화를 꼽으라면 어빙 스톤 Irving Stone이 쓴 소설 『빈센트, 빈센트, 빈센트 반 고흐』(원제: Lust for life)를 영화화한 1956년 영화 <열정의 랩소디>를 꼽고 싶다.

이 영화는 반 고흐에 관한 최초의 컬러 극영화로서 고흐에 대한 대중의 인식 형성에 중요한 역할을 했다. 이 영화로 고흐 역을 맡은 커크 더글러스Kirk Douglas는 골든글로브에서 남우주연상을 수상했고, 고갱 역 안소니 퀸Antonio Quinn은 아카데미에서 남우조연상을 수상했다.

고흐의 말년 작품 <까마귀가 나는 밀밭>은 그의 자살 신화를 탄생시킨 작품으로도 유명한데, 이 신화에 기름을 끼얹은 것이 바로 어빙 스톤의 소설을 바탕으로 한 영화 <열정의 랩소디>다. 영화는 실제로 고흐가 머물렀던 지역들을 찾아다니며 촬영됐고 고흐의 작품을 소장한 이들에게 허락받아 2백여 점에 달하는 진품을 직접 카메라에 담았다. 또 고흐가 동생 테오에게 보낸 편지 문구를 대사로 활용해 고증에 충실한 영화로 평가된다.

영화는 고흐가 오지의 탄광 지대 전도사로 부임을 하지만 복음 선교위원회 위원들의 고압적인 관료의식에 염증을 느끼고 고향으로 돌아가는 장면에서 시작한다. 고향으로 돌아간 후 미술 작업을 다시 시작하면서 과부가 된 사촌 케이에게 사랑을 고백하지만, 그녀는 "아니, 싫어, 절대로."라며 고흐의 사랑을 거부한다. 케이와의 사랑을 포기한 후 술집 여자와 살림을 차리지만 결국 여자와 헤어지게 된다. 영화 후반에선 동생 테오(제임스 도널드James Donald)의 도움으로 파리로 가서 후기 인상파 화풍을 공부하고 본격적으로 예술세계에 몰두하는 모습이 담겼다. 물론 고흐 일생에서 중요한 위치를 차지하는 폴 고갱과의 만남과 이별 장면도 자세하게 묘사되었다. 그림 작업의 이견으로 고갱이 떠나자 고흐는 자신의 정신적인 강렬함을 이겨내지 못하고 귀를 잘라버린다.

커크 더글러스의 고흐 연기

이 영화는 고흐에 심취했던 커크 더글러스의 메소드 연기가 볼 만하다. 커크 더글러스는 고흐 역할을 위해 고흐에 대한 책을 무수히 읽었고 프랑스 화가로부터 그림까지 배웠다. 그는 스스로를 고흐라고 여겼다. 외모조차 닮으려고 고흐의 자화상을 연구했는데 특히 그가 참고한 모델은 디트로이트 미술관에 있는 〈밀짚모자를 쓴 고흐의 자화상〉이다. 촬영을 마치고 집에 와

○ 〈밀짚모자를 쓴 고흐의 자화상〉
(1887)

서도 그는 고흐처럼 굴었다고 한다. 이 영화를 보고 크게 감동을 받은 현대미술의 거장 마르크 샤갈Marc Chagall이 더글러스에게 자신의 자서전이 영화화되면 주연으로 출연해줄 것을 요청했는데, 더글러스는 "저는 다른 화가는 연기하지 않습니다."라고 일언지하에 거절했다고 한다.

영화 <열정의 랩소디> 속 패션

고흐가 살던 시대는 빅토리아 패션이 유행하던 시기다. 빅토리아 시대는 타 유럽국가들과의 경쟁을 통해 신대륙의 식민지를 가장 많이 획득한 영국 빅토리아 여왕(1819~1901)이 통치하던 1837년부터 1901년까지의 64년간이다. 빅토리아 패션은 1830년부터 1890년까지의 패션을 일컫는다. 이 시기는 옷차림이 사회적 지위를 나타내 사회적 계층에 따라 의상이 차별화되었던 시기이기도 하다. 일을 할 필요가 없는 상류층 여성들은 몸에 꼭 조이는 코르셋을 입고 화려하게 장식된 폭 넓은 스커트 안에 페티코트를 겹겹이 걸쳐 화려한 위용을 자랑했다.

그런데 고흐가 활동하던 1870년대와 1880년대 시기의 여성복은 빅토리아 시기 전반부에 유행했던 넓은 폭 스커트의 유행이 서서히 사라져가던 무렵이었다. 이때부터 1890년까지는 몸판은 몸에 꼭 맞고, 스탠딩 칼라가 달린 버슬 스타일Bustle style이 유행했다. 버슬 스타일은 말 안장과 같은 패드를 뒤 허리에 두르고 가운의 겉자락을 뒷 허리에 부드럽게 주름지게 해 엉덩이를 봉긋이 도드라지게 보이게 한 패션이다. 게다가 80년대 중후반 드레스는 70년대의 화사하고 화려한 색감과는 정반대로 어둡고, 칙칙하고, 심플한 복장이었다.

○ 빅토리아 시기 전반부 패션

○ 빅토리아 시기 후반부 패션

○ 영화 <열정의 랩소디>에서 고흐 여동생의 1880년대 초 의상. 어둡고 심플한 스타일의 버슬 드레스를 입고 있다.

테오에게 보낸 편지에서도 나타나듯이 고흐는 옷차림에 별로 신경을 안 썼다고 한다. 물론 옷을 살 만한 경제적 형편이 안 되는 것에도 이유가 있었으리라. 당대 남성 패션은 영국의 보 부르멜Beau Brummell에 의해 같은 소재로 만들어진 재킷, 조끼 및 바지의 스리피스 양복으로 오늘날 양복의 원형이 제시되었던 복식 스타일이 유행했다. 셔츠는 마나 면 소재로 만들어졌고 바지 폭과 넥타이는 넓어졌다. 빅토리아 시대 내내 대부분의 남자들은 상당히 짧은 머리를 하고 있었고 콧수염, 구레나룻, 그리고 수염을 포함한 다양한 형태의 얼굴 털이 인기가 있었다. 상류층 정장 착용의 필수 요건이었던 모자는 크라운이 높은 탑 모자 외에도 불링 모자와 밀짚모자가 인기였다.

1880년대에 이르러서는 남성 셔츠는 유채색이거나 화려하게 꾸며진 것을 선호하게 되었다. 노동자 계층에서는 색깔 있는 셔츠를 착용했으나 상류층은 여전히 비노동층임을 과시하기 위해서 흰 셔츠와 칼라를 고수했다.

고흐 그림에서 영감받은 현대 패션

고흐의 찬란한 색상과 표현력 넘치는 붓 터치의 감각적인 그림들은 다양한 예술영역에서 아티스트들에게 많은 영감을 주고 있다. 그중에서도 특히 패션디자이너에게 중요한 영감의 원천이 되고 있다. 하이패션 산업계와 패션디자이너들은 고흐의 다채로운 색상과 거침없는 붓질에 매료되어 아방가르드 스타일부터 오뜨쿠튀르까지 다양한 스펙트럼의 패션을 펼치고 있다.

특히 고흐의 꽃 그림은 패션디자이너들이 사랑하는 패션 주제다. 고흐는 1886년 파리로 거처를 옮기면서 꽃병 연작에 몰두해 1888년까지 40점이 넘는 꽃 시리즈를 제작했다. 모스키노의 패션디자이너 제레미 스캇은 2018년 봄/여름 컬렉션에서, 고흐의 1890년 작품 〈꽃병 안의 부케〉에서 영감받은 디자인을 선보였다.

GOGH 83

○ <해바라기>
(1888, 반 고흐 미술관)

○ <해바라기> 와
<아이리스>를 모티브로
한 생 로랑의 1988년
봄/여름 패션

이브 생 로랑은 회화에서 영감을 받은 디자인을 많이 한 패션 디자이너로 유명하다. 피카소, 몬드리안, 마티스 그리고 고흐 등의 그림을 주제로 한 그의 독창적이고 개성적인 디자인은 패션을 예술로 격상시키는 데 중요한 역할을 했다. 고흐의 〈아이리스〉에서 영감을 받아 디자인한 실크 재킷은 경매에서 고가에 팔렸다.

고흐는 자신의 작업실을 해바라기로 가득 채우고 싶어 했을 정도로 해바라기를 좋아했고, 특히 노란색을 가장 좋아해서 해바라기를 주제로 마치 실제 꽃들처럼 생생한 질감을 나타낸 열두 점의 해바라기 그림을 그렸다. 〈해바라기〉그림을 모티브로 한 생 로랑의 재킷은 오뜨쿠튀르 자수의 대가 르사주Jean-François Lesage와의 협업을 통해 이루어졌다. 르사주의 해바라기 문양은 600여 시간에 걸쳐 무려 35만 개의 스팽글과 10만 개의 자개가 수놓아져 화제에 오르기도 했다. 이 재킷은 경매에서 5억 원에 낙찰됐다.

Les vestes Van Gogh d'Yves Saint Laurent ont demandé six cents heures chacune de broderies de perles de verre, de satin de soie, de chenille, de petits rubans de satin. Une prouesse de la maison Lesage. L'éblouissement et l'humour.

GOGH 85

2012년 봄/여름 컬렉션에서 로다테Rodarte의 케이트와 로라 멀리비Kate and Laura Mulleavy 자매는 고흐의 힘 있는 붓 터치와 색상 팔레트에서 영감받은 패션디자인으로 런웨이를 가득 채웠다. 고흐의 〈15송이 해바라기가 있는 꽃병〉, 〈수확하는 사람〉과 그의 가장 유명한 그림 〈별이 빛나는 밤〉에서 영감을 받은 런웨이 무대는 고흐가 즐겨 사용했던 강렬한 그린과 블루로 채워졌다.

고흐의 표현적인 그림은 네덜란드의 패션 브랜드인 빅터 앤 롤프의 2015 봄/여름 오뜨쿠튀르 컬렉션에서 커다란 3차원 꽃과 거대한 밀짚모자로 되살아났다.

빅터 앤 롤프 디자이너는 고흐 그림에서 전원적 이미지의 정수를 추상적인 그래픽과 유기적인 요소와 결합해 예측하기 어렵고 조각적인 모양으로 재탄생시켰다. 해당 컬렉션에 사용된

○ 로다테의 멀리비 자매가 <별이 빛나는 밤>에서 영감을 얻어 2012년 봄/여름 컬렉션에서 발표한 디자인

모든 천은 네덜란드의 직물 회사인 블리스코VLISCO에서 목판 프린트를 했고 인도네시아의 전통 염색법인 바틱 방식으로 왁스 염색 처리를 했다. 패션쇼가 끝난 후 이들 디자인 세 점은 미술품 컬렉터가 수집해서 베닝겐 미술관에 기증했다.

○ 고흐의 꽃 그림에서 영감받은 빅터 앤 롤프의 2015년 봄/여름 패션쇼 디자인

패션계의 음유시인이라고 알려져 있는 벨기에 패션디자이너 드리스 반 노튼Dries Van Noten도 2018년 봄/여름 컬렉션에서 고흐의 그림 〈해바라기〉를 모티브로 활용했다.

반 고흐 작품을 의상으로 탈바꿈한 패션 라이선스 시장

작가, 작품 위주로 진행되던 아트 라이선싱 시장은 최근 뮤지엄과 갤러리로 확대되고 있다. 뮤지엄 라이선싱 확산에는 여러 요인이 있지만 그중에서 패션을 자신의 가치관과 성향을 드러내는 도구로 보는 MZ세대를 공략하기에 적합하기 때문이다.

최근 글로벌 라이선싱 기업인 WME-IMG 코리아는 반 고흐의 드로잉과 스케치를 포함한 700점 이상 작품을 보유한 '반 고흐 뮤지엄'을 도입했다.

고흐 그림이 새겨진 패션 소품으로는 패션 캔버스 에코백, 숄더백, 본차이나, 커피세트, 티세트, 칠보 은반지, 우산, 퍼즐, 티셔츠, 마스크, 연필 케이스 등이다. 최근에는 명품 만년필 브랜드 몽블랑이 역사상 위대한 예술가들의 재능과 작품에 경의를 표하는 리미티드 컬렉션 시리즈를 선보이겠다고 발표한 후, 2023년 첫 번째로 반 고흐 컬렉션이 탄생했다.

○ 2018년 드리스 반
노튼이 고흐의 해바라기
콘셉트로 디자인한
원피스는 소매에 체크
패턴을 믹스 매치해
화사하고 생동감
넘친다.

LAUTREC

현대 그래픽 예술의 선구자
툴루즈 로트렉

<물랭 루즈>(1952)

프랑스의 대표적 아티스트 앙리 드 툴루즈 로트렉Henri de Toulouse -Lautrec, 1864~1901은 현대 그래픽 예술의 선구자, 포스터의 아버지로 불린다. 앤디 워홀Andy Warhol이나 키스 해링Keith Haring과 같이 상업 예술 아티스트의 선조 격이라고 할 수 있다. 로트렉은 프랑스가 평화와 풍요를 누리며 사회, 경제, 기술, 정치적으로 번성했던 벨 에포크(아름답고 좋은 시절이라는 뜻) 시대에 파리의 유흥업소 물랭 루즈에서 매춘부, 댄서, 희극배우, 서커스 광대 등 사회의 비주류 인물들을 그림의 주제로 삼았다. 로트렉은 그들의 신체적 특징, 독특한 얼굴 생김새, 자세와 내면의 모습을 그려 인간의 추하고 나약한 모습을 다양한 색채로 표현했다.

37세의 젊은 나이로 세상을 떠나면서 로트렉은 유화 737점, 수채화 275점, 판화와 포스터 369점, 드로잉 4,784점과 조각과 도자기, 스테인드글라스 등 6천여 점의 방대한 작품을 남겼다. 로트렉의 어머니는 그가 타계한 후 프랑스 알비에 툴루즈 로트렉 미술관을 설립했다.

"인간은 추하지만, 인생은 아름답다."

로트렉이 생전에 남겼던 말이다.
몽마르트의 소외된 사람들과 유대관계를 가지며 이들에게서 비록 가진 것이 없더라도 삶의 빛나는 모습을 보고자 했던 로트렉 역시 핸디캡을 이겨내며 짧은 삶을 살았던 예술가였다.

로트렉은 프랑스 알비의 유서 깊은 귀족 가문의 장손이었으나 그의 귀족적인 삶은 열네 살 때 다리 골절상으로 키의 성장이 멈추면서 끝나게 된다. 로트렉의 다리 골절은 집안의 근친결혼에서 발생한 유전자 이상으로 인해 뼈가 약해진 것에 기인한다. 로트렉은 생전에 "내 다리가 조금만 길었어도 그림 따위는 그리지 않았을 거야."라고 자주 한탄했다. 로트렉은 매일 밤 물랭 루즈에 가서 스케치를 했다. 여자들은 그에게 뮤즈이자, 정부이자 모델이었다. 또 매춘업소에서도 많은 시간을 보냈는데 매춘부들과 단지 잠자리를 같이하는 것이 아니라 이들의 친구가 되어 그들을 그림의 모델로 삼았다.

○ <작업실의 로트렉>
(1890)

그의 신체적 결함은 첫사랑이었던 모델 마리 발라동Marie-Clémentine Valadon을 비롯한 많은 여인들과 헤어지는 원인이 된다. 첫 애인과 헤어진 후 그림에만 매진한 그의 예술적 기량이 절정에 이르게 되고 그의 명성은 날로 커져 갔지만, 주변에서 무시당하는 삶은 나아질 것이 없어 로트렉은 늘 외롭고, 삶에 지쳐 있었다. 그는 매춘부와의 관계에서 얻은 성병 매독과 알코올 중독으로 인해 37세라는 젊은 나이에 죽음을 맞이했다.

툴루즈 로트렉의 작품

로트렉은 상업미술과 순수미술의 벽을 허물어버린 최초의 작가였다. 로트렉은 폴 고갱Paul Gauguin과 프란시스코 고야Francisco Jose de Goya, 에드가 드가Edgar Degas로부터 색채의 사용법, 생기 넘치는 양식표현의 영향을 받았다. 또한 일본의 고전적인 목판화에서도 영향을 받았다.

동물 그림을 제외한다면 그는 평생에 걸쳐 인물을 그렸다. 로트렉은 무용수들에게서 인간성을 찾아냈고 그런 그들에게서 영감을 받았다. 때문에 그는 무용수이자 매춘부였던 그들을 성 상품화의 대상이 아닌 개성 있는 아티스트로 묘사하고 카바레의 댄서와 가수, 매춘부와 서커스 단원의 모습 뒤에 가려진 인간적 비애를 그만의 미적 감각으로 표현하였다. 또한 술집 손님들의 허식과 무지를 꿰뚫어 보았고 그림으로 그들의 성격을 날카롭게 풍자했다.

로트렉은 단순한 색과 선을 이용해 평면적인 요소를 강조한 석판화로 상업 포스터를 제작하면서 상업 포스터를 예술의 차원으로 끌어올렸다는 평을 받는다. 그의 포스터는 눈길을 끄는 디자인, 대담한 색채, 그리고 일본 그림의 영향을 받은 혁신적인

○ <물랭 루즈에서의
춤>(1890)

○ <물랭 루즈: 라
굴뤼>(1891)

실루엣 사용으로 대중을 사로잡았다. 단순한 실루엣만 강조된 그의 포스터는 대중에게 쉽고 빠르게 각인되었다.

1890년에 그려진 〈물랭 루즈에서의 춤〉은 1889년 파리에 세워진 물랭 루즈 카바레를 그린 여러 개 그래픽 중 두 번째 작품이다. 물랭 루즈 시리즈는 텍스처와 색상 표현이 뛰어난 파스텔 그림이다. 혼잡한 댄스홀 한가운데서 두 명의 댄서가 캉캉춤을 추고 있고 오른쪽에 있는 분홍색 옷을 입은 의문의 귀족 여성이 크게 클로즈업되어 있는 그림의 배경에는 시인 예이츠William Butler Yeats와 클럽 주인, 로트렉의 아버지 등 귀족들이 등장한다. 이 작품은 현재 필라델피아 미술관에 전시되어 있다.

〈물랭 루즈: 라 굴뤼〉는 로트렉의 첫 번째 포스터화 작업으로 로트렉을 파리의 유명인사로 만드는 계기가 된 다색 석판화다. 라 굴뤼는 물랭 루즈의 메인 댄서로 캉캉춤은 그녀의 특기 중 하나였다. 로트렉은 조명 가운데서 캉캉춤을 추는 라 굴뤼를 빨간 스타킹과 빨간 셔츠, 금발로 강조했다. 라 굴뤼의 모습을 화면 중간에 배치하고 관객들을 검은색으로 표현해 춤추는 댄서의 모습을 돋보이게 했다. 배경에 서 있는 관중은 모두 당대 유행하던 신사모를 쓰고 있다. 빛나는 조명은 앞뒤로 배치되어 화려한 밤의 문화를 더욱 감성적이고 몽환적이게 느끼도록 했다.

포스터에는 붉은 글씨로 '물랭 루즈'란 글씨를 세 번 반복해 쓰고 그 아래에 '라 굴뤼'라고 쓰여 있다. 이 포스터는 수집가들에게 인기가 높아 벽에 붙여두면 사라지곤 했다고 한다.

패션 역사학자 발레리 스틸Valerie Steele은 로트렉이 그린 댄서 제인 에이브릴Jane Avril이 담긴 1890년대 그림은 예술과 패션에 지대한 영향을 미친다고 피력했다. 디방 자포네Divan Japonais는 1892년 로트렉이 살았던 몽마르트에 새롭게 연 나이트클럽의 이름이었다. 작품 〈디방 자포네〉(1892)에서 제인 에이브릴이 입은 의상의 검정 실루엣은 모던 파리지앵을 대표하는 단순하지만 혁신적인 모습으로서 이 의상은 샤넬의 의상 혁명인 '리틀 블랙드레스' 이전에 선보인 가장 획기적인 패션이라는 설명이다.

물랭 루즈의 스타 제인 에이브릴은 로트렉 그림에서 가장 많은 비중을 차지하는 포스터 속 주인공이다. 제인 에이브릴은 매춘부의 딸로 태어나 몸이 불규칙하게 움직이는 무도증 장애를 치료하기 위해 춤을 추기 시작해 인기를 얻은 물랭 루즈의 간판 댄서다.

이듬해 로트렉은 에이브릴의 가장 상징적인 초상화를 선보였다. 에이브릴이 다리를 높게 치켜올려서 보이는 선정적 스타킹, 페티코트, 레이스 코르셋으로 홀은 에로틱 무드가 가득 찬 모습이다. 이 포스터 속 에이브릴 포즈를 통해 패션은 몸을 섹시하게 표현하는 매체로 인식하게 되었다.

1899년 로트렉은 반짝이는 뱀 무늬가 몸을 휘감는 무대의상을 입은 에이브릴을 그렸다. 이런 패셔너블한 로트렉의 포스터는 파리가 패션의 수도로 자리매김하게 되는 데 큰 역할을 했다. 이 그림은 현재 시카고 아트 인스티튜트에 전시되어 있다.

로트렉 자신은 가끔 아주 밝은 색상의 의상과 새의 깃털이나 공예 장식품을 단 모자를 착용했는데, 자신이 착용한 이런 모자를 그의 작품에 가져오면서 스스로 남성 패션의 상징이 되었다.

○ 포스터 <디방 자포네>(1892)에서 제인 에이브릴이 입은 당대 혁신적인 검정색 의상

○ <제인 에이브릴> (1893)은 제인 에이브릴의 가장 상징적인 초상화로 패션의 에로티즘을 부각한다.

○ <제인 에이브릴> (1899) 포스터는 파리가 패션 수도로 자리매김하는 계기가 되었다.

  1900년대 초, 파리의 디자이너 이름을 내건 양장점인 쿠튀르 하우스에서는 상류층을 위한 고급 맞춤복을 제작했다. 그러나 곧 대량 생산 방식이 보편화되고 경제력을 지닌 노동자가 등장하여 패션 시스템에 변화를 가져오면서 패션은 쿠튀르 하우스를 드나들던 귀부인뿐 아니라 대중 모두가 누릴 수 있는 시대가 되었다. 이 시기가 바로 로트렉이 물랭 루즈에서 그림을 그리던 시절인 벨 에포크Belle Époque 시대다. 벨 에포크 시대는 특히 패션이 사회, 문화, 정치, 디자인, 미술, 음악 등 서로 다른 영역을 넘나들며 풍요롭게 발전했다. 이 시기 패션 스타일은 여성적인 아름다움이 극대화되었던 시기로서 우아함과 곡선적 몸매를 드러내는 것이 특징이었다. 1890년 이후엔 엉덩이를 봉긋하게 만들었던 버슬의 유행이 자취를 감추고 S자 실루엣으로 가느다란 허리를 강조하는 스타일이 유행했다.

  디자인은 소매 윗부분이 주름으로 부풀려졌고, 스커트는 쪽치마 스타일로 길게 늘어진 트럼펫 모양이 많았으며 레이스 소재가 자주 사용되었다. 이 시기 액세서리는 의상만큼 중요한 역할을 했다. 팔찌, 벨벳 목걸이와 리본, 양산과 커다란 모자가 필수 액세서리였다. 넓은 챙을 가진 커다란 모자에는 깃털이 달렸고 가끔 박제된 새까지 모자에 장식되었다.

  엘리트 여성은 깃털, 망사, 꽃으로 장식되어 정교하고 화려하게 제작된 모자를 썼다. 구불구불한 머리를 머리 꼭대기에서 묶은 헤어스타일이 유행했고 메이크업이 짙지는 않았지만 입술은 밝은 빨강색으로 강조되었다. 벨 에포크 시기는 하루에도 여러 번 상황에 따라 옷을 갈아입던 시기로 패션이 사치스럽고 화려했다. 여성들은 옷을 아침, 점심, 밤, 외출용, 극장용 의상

○ 벨 에포크 시대
길거리 패션

○ 벨 에포크 시대
S 실루엣을 위한 S밴드
코르셋

○ 존 싱어 사전트가
그린 1902년 남성
초상화에서 벨 에포크
시대 남성 패션을 볼 수
있다.

등으로 엄격하게 구분하여 입었으며 의상으로 부와 지위를 과시했다.

여성처럼 의상의 변화가 크지는 않았지만 1900년대 남성들 역시 의상에 관심이 많았다. 프록코트와 셔츠, 재킷, 바지와 조끼로 이루어진 스리피스 정장이 유행했다. 멋진 맞춤 양복에 새 날개 모양의 윙 칼라 셔츠와 고급스러운 타이를 맸고 더블 단추가 달린 무릎 길이의 프록코트를 입었는데 이 프록코트는 모든 공식적 의례에 착용되었다.

19세기 말 남성복은 밝고 화려한 색상이 사라지고 침착한 색상으로 정착되고 있었다. 신사복에서 가장 중요시된 점은 침착함이었기 때문에 색상은 검정이나 어두운 색으로 한정됐다. 신사들은 짧은 머리에 콧수염을 길렀고 모자는 크라운이 높은 모자와 지팡이를 즐겼고 구두는 주로 레이스 업 슈즈를 신었다.

영화 <물랭 루즈>(1952)

〈물랭 루즈〉는 1952년 개봉한 영국 영화다. 물랭 루즈란 프랑스어로 '붉은 풍차'라는 뜻으로, 몽마르트에 위치한 카바레 지붕에 빨간 풍차가 장식되었기 때문에 카바레의 이름이 물랭 루즈로 명명되었다고 한다.

물랭 루즈를 소재로 한 영화는 1928년, 1934년, 1940년, 1952년, 2001년 다섯 편이 만들어졌다. 그중 1952년 영화 〈물랭 루즈〉가 툴루즈 로트렉의 삶과 사랑이 가장 잘 표현되었다. 1950년에 쓰여진 피에르 라 무어Pierre La Mure의 소설 「물랭 루즈」가 영화의 원작이다. 존 휴스턴John Huston이 이 영화로 1953년 베니스 국제영화제 은사자 감독상을 수상했다. 호세 페레Jose Ferrer가 로트렉 역을 맡고 자 자 가버Zsa Zsa Gabor가 물랭 루즈의 스타 캉캉

댄서인 제인 에이브릴 역을 맡았다.

　존 휴스톤의 지시에 따라 영화의 전체 색상은 로트렉의 그림 색상 팔레트에 맞추어졌다. 존 휴스턴 감독의 현란하고 대담한 비주얼 감각은 캉캉 시퀀스로 생생하게 시대 분위기를 묘사하는 도입부에서부터 나타난다. 이렇게 뛰어난 비주얼 이미지로 의상을 맡은 마르셀 버티스Marcel Vertes는 제25회 아카데미 의상상과 미술상을 동시에 수상했다.

　이 영화는 클럽의 단골손님이자 무희들의 캉캉춤 추는 모습을 스케치했던 인상주의 화가 툴르즈 로트렉의 사랑과 비극과 삶을 다룬 전기영화로서 1890년대 파리의 보헤미안 집단 문화를 소개한 영화다.

　어린 시절 불의의 사고로 다리의 성장이 멈춰버림으로 인해 난쟁이로 살아갈 수밖에 없었던 로트렉은 신체적인 핸디캡으로 인한 절망으로 자신의 삶을 학대하듯 방탕한 삶을 살아간다. 그러던 중 물랭 루즈에서 생계를 위해 광고 포스터 일을 하게 되면서 여가수 제인 에이브릴과 쾌활한 무희 라 굴뤼(캐서린 캐스 Katherine Kath), 강렬한 캐리캐처로 묘사된 인물로 등장하는 뱅상 드소쉬(월터 크리샴Walter crisham) 등 물랭 루즈의 유명인들과 교분을 쌓게 되고 로트렉 역시 몽마르트의 유명인이 된다.

　영화에서 호세 페레는 로트렉과 로트렉 아버지 두 사람의 1인 2역을 맡았다. 로트렉의 실제 키는 135cm로 알려져 있다.(혹자는 145cm라고도 한다.) 호세 페레는 135cm 로트렉 모습을 표현하기 위해서 카메라 앵글과 메이크업과 의상을 이용했다. 호세 페레는 로트렉 모습에 부합하기 위해 배우인 자신이 직접 디자인한 특수 무릎 패드를 사용해 다리를 상체에 묶어 무릎으로 걸을 수 있도록 해 작은 키를 효과적으로 표현하여 관객의 갈채를 받았다.

영화 속 배우들은 마치 로트렉이 그린 그림들이 걸어 나오는 듯하다.

프랑스 의상감독 마르셀 버티스는 로트렉이 그린 물랭 루즈 그림들을 토대로 철저한 고증을 거쳐 의상들을 그림과 최대한 비슷하게 구현해냈다. 이런 철저한 고증 덕택에 마르셀 버티스는 1953년 미술과 의상 두 분야에서 아카데미상을 수상했다.

마르셀 버티스는 패션에 살바도르 달리Salvador Dali, 장 콕토Jean Cocteau, 만 레이Man Ray 같은 초현실주의 화가들의 그림을 적용하고 있는 패션디자이너 엘사 스키아파렐리에게 자 자 가버의 영화의상을 의뢰했다. 1931년부터 1952년까지 다수의 영화의상을 맡아 디자인했던 엘사 스키아파렐리는 그녀의 마지막 영화의상 작업인 1952년 <물랭 루즈>에서 주인공 자 자 가버가 맡은 제인 에이브릴 역 패션을 디자인했다. 스키아파렐리는 제인 에이브릴의 의상을 디자인하기 위해 로트렉이 제작한 포스터에 나오는 의상을 참조했다. 자 자 가버가 처음 장면에서 입은 흰색 셔츠, 흰 모자, 그리고 노란색 단으로 마무리된 오렌지색 스커트는 1893년의 로트렉이 그린 포스터를 재현한 것이다.

또 다른 장면에서 자 자 가버는 쇼킹핑크 색상의 튤로 된 드레스를 입고 나오는데, 이 옷은 디자이너 스키아파렐리다운 감성이 그대로 묻어나는 의상이다. 유행을 만들면 다른 디자이너들이 무조건 따라갈 정도로 당대를 이끄는 패션 디자이너였던 스키아파렐리는 일반적 핑크와는 느낌이 현저하게 다른 강렬한 '쇼킹핑크' 색상을 사용하길 좋아했다. 이 특별한 색상의 의상은 1953년 영화 <신사는 금발을 좋아해>에서 섹스 심볼 스타인 마릴린 먼로Marilyn Monroe의 무대 드레스로 재현되었다.

○ 영화 <물랭 루즈> 속 엘사 스키아파렐리가 만든 의상을 입은 제인 에이브릴 역 자 자 가버

○ 디자이너 엘사 스키아파렐리의 감성이 강하게 묻어나는 영화 속 쇼킹핑크 의상

○ 영화 <물랭 루즈>
속 자 자 가버 의상.
1899년 제인 에이브릴
포스터를 재현한
의상이다.

　　영화에서 가장 눈에 띄는 의상은 커다란 뱀이 드레스를 감싸는 의상이다. 이 옷은 1899년 로트렉의 포스터에 등장하는 바로 그 의상이다. 영화에서는 로트렉이 그 당시 현대적이고 혁신적인 디자인으로 유명한 프랑스의 대표적인 패션 디자이너 잔느 파퀸Jeanne Paquin에게 제인 에이브릴을 데려가서 세퀸으로 장식된 뱀 무늬가 온몸을 휘감는 빨강과 검정 콤비 의상을 구입하던 바로 그 장면에 등장하는 의상이다.

　캉캉은 1830년경부터 파리의 댄스 홀에서 유행한 사교춤으로, 프랑스 작곡가 오펜바흐Jacques Offenbach가 작곡한 음악에서 처음 나왔다. 경쾌하고 빠른 템포로 무용수들이 하이힐을 신고 여러 겹의 긴 스커트를 꽃처럼 흔들어서 다리를 치켜들어 점프를 하는 외설적인 춤이다. 주름이 많이 잡힌 치마를 들어 올리고, 다리를 높이 차올리며 추는 빠른 템포의 캉캉춤은 19세기 카바레의 상징이었다. 치마의 각도가 360도인 캉캉춤은 다리를 들어 올렸을 때 치마 속까지 아름답게 보여야 하기 때문에 속치마에 프릴이 여러 겹 겹쳐지게 만들었다. 현대사회로 들어서면서 캉캉춤은 쇠퇴했지만 이런 스타일의 치마는 일명 캉캉치마라 불리며 패션디자인에 계속 응용되고 있다.

○ 영화에서 댄서들이 러플 달린 긴팔 흰 셔츠에 긴 속바지와 러플 달린 페티코트가 있는 스커트를 입고 있다.

○ 1893년 로트렉이
그린 제인 에이브릴과
제인 에이브릴의 의상을
응용한 2016년 프라다
디자인

○ 로트렉이 1896년
그린 여자 어릿광대와
그림에 영감받아
2016년 언더커버가
디자인한 의상

벨 에포크 패션에 영감받은 현대 패션

1895년부터 1914년까지의 벨 에포크 시절은 아름다운 옷으로 럭셔리한 특권을 표현하는 것이 절정에 달했던 시기로 많은 패션브랜드에서는 벨 에포크 시대의 럭셔리한 패션을 로트렉의 그림을 응용해서 재현하고 있다.

2007년 디올 브랜드의 디자이너 존 갈리아노가 로트렉을 비롯한 여러 화가의 그림을 응용한 벨 에포크 패션을 선보인 이래 2010년엔 안나 수이Anna Sui가 로트렉 그림의 칼라 팔레트를 응용한 패션을 선보였다. 2014년 장 폴 고티에 패션쇼의 주제는 로트렉 그림의 캉캉 의상을 펑크로 해석한 펑크 캉캉이다.

2016년 언더커버는 로트렉이 1896년 그린 〈여자 어릿광대〉에 나오는 무희의 목 장식을 응용한 디자인을 발표했다.

○ 장 폴 고티에의 펑크
캉캉 디자인

○ 로트렉의 <캉캉>과
이를 응용한 2020년
루이 비통 패션

2019년 벨기에 디자이너 메종 마르지엘라Maison Margiela는 로트렉의 그림에 나오는 벨 에포크 패션의 풍성하고 장식적인 소매를 응용한 의상을 선보였다.

루이 비통의 2020년 봄/여름 패션쇼는 로트렉의 그림을 바탕으로 한 벨 에포크 시대 패션에서 영감을 얻은 의상으로 패션쇼를 펼쳤다. 루이 비통의 디자이너 니콜라 제스퀴에르Nicolas Ghesquiere는 작은 모카신을 비롯해 벨 에포크 시대 패션에 중요한 부분을 차지했던 액세서리 구현에 특히 심혈을 기울였다.

VERMEER

빛과 색채 조화의 마술사
요하네스 베르메르

<진주 귀걸이를 한 소녀>(2003)

　네덜란드를 대표하는 화가 요하네스 베르메르Johannes Vermeer, 1632~1675는 사실적이고 자연스러운 빛의 효과를 표현하는 풍속화가로서 렘브란트Rembrandt, 프란스 할스Frans Hals와 함께 네덜란드의 황금시대인 17세기를 대표하는 화가이다. 그는 빛의 효과를 이용해 공간과 물체의 형태를 표현했다. 빨간색, 노란색과 파란색의 섬세한 조화를 빛의 효과와 정교한 구성으로 풀어낸 그의 그림은 사실적이면서도 시적인 분위기가 넘쳐흐른다. 그는 그림의 세부를 생생하게 묘사하기 위해 많은 양의 물감을 여러 겹으로 칠하거나 한데 섞음으로써 형태와 텍스처를 표현하는 임파스토 기법을 사용했다. 그림을 그릴 때 '카메라 옵스큐라'라는 장치 사용을 즐겼는데 이 도구는 반대쪽의 흰 벽이나 막에 실상을 거꾸로 찍어 사진기의 원형이 된 장치이다. 베르메르는 이 장치가 투영하는 화상 위에 그림을 덧그린 것으로 유명하다. 카메라 옵스큐라를 사용한 그의 그림은 당시 풍경이 사실대로 포착됐고, 그가 그린 의상 역시 매우 사실적일 수밖에 없다.

그림 <진주 귀걸이를 한 소녀>

〈진주 귀걸이를 한 소녀〉는 베르메르의 작품 중에서 가장 유명한 작품이다.

그림의 주인공은 튀르키예풍의 푸른 터번을 머리에 두르고 영롱하게 빛나는 진주 귀걸이를 한 채 한쪽을 비스듬히 응시하고 있는 소녀다.

네덜란드 헤이그의 마우리츠호이스 왕립 미술관에 있는 〈진주 귀걸이를 한 소녀〉는 그의 작품 중에서 가장 유명하다. 오직 "IVMeer"라는 서명만 있을 뿐, 연도가 기입되지 않아 1665년경 그린 유화로 추정될 뿐인 이 그림은 여러 세기를 거쳐 그 이름이 바뀌어왔다. 처음엔 〈터키 패션을 한 트로니〉였다가 30년 후엔 〈앤틱 의상을 입은 초상화〉로 바뀌었고 〈터번을 쓴 소녀〉로 다시 바뀐 후에 〈진주를 한 소녀〉로 네이밍되었으며 20세기에 와서야 현재의 제목인 〈진주 귀걸이를 한 소녀〉로 바뀌었다.

그런데 베르베르의 이 그림에 사람들이 관심을 가지게 된 것은 1999년 트레이시 슈발리에Tracy Chevalier가 집필한 소설 『진주 귀걸이 소녀』가 세계적으로 500만 부 이상 팔려나간 후였으니 그림이 유명세를 탄 것은 불과 30년도 되지 않은 셈이다. 이 그림은 2006년 네덜란드에서 가장 아름다운 그림으로 선정되었다.

'북구의 모나리자'라고 불리는 이 그림은 빛과 어두움을 이용한 강한 대조로 인해 입체적인 효과를 준다. 단순하지만 조화로운 구성, 빛의 효과를 이용한 선명한 색채가 특징이다. 소녀가 쓴 반짝이는 질감의 푸른색 터번은 빛의 효과가 탁월하다. 베르메르가 가장 좋아한 색상은 울트라마린 색상이다. 소녀의 머리 위에 두른 푸른색 터번의 울트라마린 색상을 내는 물질은 17세

기 당시엔 금보다도 비싼 희귀 광물이라서 성모 마리아의 의복에나 칠하던 귀한 색이었는데 베르메르는 그런 울트라마린 안료를 작품에 아낌없이 사용했다. 울트라마린색 물감은 '라피스 라줄리'라고 불리는 청금석을 갈아 가루로 만든 후 호두 기름을 섞어 끈적한 반죽 형태로 만들어진 물감인데 독특한 발광색을 지니어 그림의 가치를 더하는 색상이다.

　17세기 당시 진주는 부의 상징이었다. 소녀의 진주 귀걸이는 윗부분은 밝게 빛나고 아랫부분은 하얀 옷깃을 반사하여 맑고 투명한 느낌을 준다. 작품의 배경은 온통 검은색으로 칠해져 매력적인 푸른색과 노란색 터번의 색상 대비와 섬광 같은 진주가 어두운 배경에 선명하게 도드라져 보인다. 베르메르의 이와 같은 빛과 색채 기법은 후일 인상주의 화가들에게 커다란 영향을 주게 된다.

○ 베르메르의 대표작
<진주 귀걸이를 한
소녀>

○ 베르메르가 사용한
울트라마린 색상의 원료
라피스 라줄리

17세기 네덜란드 시민 계급의 위상

17세기 전반, 스페인으로부터 독립한 네덜란드는 동양과의 해외무역에서 현저한 성과를 거두면서 강대국으로 발전하게 되었다. 이 무렵 네덜란드는 금욕적이고 근검절약하는 생활 태도를 가진 칼빈교를 신봉하여 독특한 신앙 태도를 형성했는데 이러한 생활 태도를 통해 네덜란드는 큰 부를 축적하게 된다. 바다를 접하고 있는 지리적 요건까지 갖춘 네덜란드는 막강한 경제력을 지닌 대 해운국이 되었고 부를 축적한 부르주아 시민계급은 국가 경제의 주체가 되었다.

17세기의 네덜란드 패션

17세기는 그동안 유럽 패션을 이끌어온 이탈리아와 스페인이 힘을 잃고 네덜란드와 프랑스가 패션을 장악했던 시기로 프랑스의 귀족풍 복식과 네덜란드의 간소한 시민풍의 복식이 공존했던 시대다.

상공업국가로 비약적인 발전을 이룬 네덜란드는 경제 강국으로서 패션 영향력 또한 가지게 되었다. 프로테스탄트의 칼빈주의 영향으로 경제적으로 급성장한 시민 지배세력은 그들이 주체가 된 독특한 복식문화를 만들었다. 그들은 자유로운 시민정신과 프로테스탄트의 생활신조에 따라 복식의 실용성과 합리성을 주장하며 독특한 네덜란드 복식을 정립했고 곧 유럽 패션에 영향력을 행사하게 되었다.

프랑스의 귀족문화와 네덜란드 시민문화가 결합된 바로크 의상

바로크 양식은 프랑스 절대 왕권의 화려한 귀족문화와 네덜란드의 시민문화가 융합된 독특한 양식이다. 17세기 초반에서 18세기 중반까지 유럽에서 유행한 건축, 음악, 춤, 그림, 조각, 문학 스타일로 종교개혁과 절대주의와 밀접한 관계를 가진다. 르네상스의 정형적인 양식과 대조되는 바로크 양식은 밝음과 어둠의 강한 대조, 변화와 균형의 파괴로 인한 역동적인 움직임, 세밀한 묘사, 깊은 색감으로 경외감을 불러일으킨다.

바로크 문화의 특성을 가진 바로크 의상은 호화로움을 목적으로 거대한 가발과 아름다운 레이스, 다채로운 루프(줄을 꼬아서 만든 장식의 일종) 다발 등의 장식을 중시했다. 여성은 과대 장식을 통한 화려한 여성스러움으로 의상을 돋보이게 했고 남성복도 마치 여성복처럼 호화로웠다. 그러나 이러한 바로크 의상은 점차 프로테스탄트 시민정신을 중시한 네덜란드 시민 문화의 영향을 받아 기능성 있는 의상으로 변화했다. 이로 인해 1630년대에는 남녀 의상 모두 실루엣이 호리호리하고 더 우아해졌다.

1640년대 네덜란드 여성 패션의 특징

1640년대 네덜란드 여성 패션은 점잖은 하이넥 드레스, 넓은 린넨 칼라, 소매 끝에 다는 손목 장식, 화려한 레이스를 특징으로 한다. 특히 17세기 네덜란드에서는 칼라가 패션에서 차지하는 비중이 컸다. 린넨으로 된 흰색 러프ruffs 칼라는 프로테스탄트 교회의 몸을 상징하며 순결함과 희생을 의미했다. 1560년경부터 시작된 주름 칼라는 17세기 네덜란드 드레스에서 제일 공을 들였던 부분이다. 어른뿐 아니라 아동에 이르기까지 중요한 패션 요소가 된 칼라는 사회적 지위와도 직결되었다. 칼라가 얼마나 크고 멋진가에 따라 돈이 많고 지위가 있는가를 재는 척도가 되었기 때문이다. 주름 칼라는 네덜란드에서 처음 발명한 녹말풀을 먹인 린넨으로 만들어 일본의 오리가미 접기를 연상시키는 형태다. 그리고 특별히 고안된 다리미를 사용해서 빳빳하게 접어 사용했다. 경우에 따라서는 칼라 속에 와이어를 끼워 넣어 과장된 효과를 만들기도 했다. 이런 러프 칼라의 유행은 18세기까지 지속되었다. 네덜란드 여성들의 러프 칼라는 메디치 칼라라고 불리기도 했는데 이 스타일은 1980년대 영국의 다이아나 왕세자비가 즐겨 사용하기도 했다.

1640년대 네덜란드 여성패션의 두 번째 특징은 블랙 앤 화이트 색상 대비다. 흰색의 질 좋은 러프 칼라는 반짝이는 검정 실크 드레스나 울로 된 소모사 양복지의 검정 드레스와 아름다운 대조를 이루었다. 이 색상 대비 스타일은 모양은 심플해 보이지만 직물의 섬세한 디테일로 인해 착용자의 지위와 패션성을 부여했다.

영화 <진주 귀걸이를 한 소녀>(2003)

트레이시 슈발리에는 네덜란드의 왕립미술관에 걸려 있는 그림 〈진주 귀걸이를 한 소녀〉를 처음 본 후 그림 속 소녀에 매혹되었다. 그는 소녀가 어떤 직업을 가졌는지, 어쩌다 베르메르의 모델이 되었는지 등 상상의 나래를 펼치며 16년 동안 소설을 써내려갔다.

피터 웨버Peter Webber 감독의 영화 〈진주 귀걸이를 한 소녀〉는 슈발리에가 쓴 소설을 압축해 베르메르 회화의 빛과 색을 풍성하게 영상에 담아 영화로 재현해냈다. 영화는 잿빛 도시 델프트의 풍경과 하층민의 가난한 삶이 그대로 드러나 마치 베르메르의 풍속화를 그대로 떼어다 놓은 듯하다. 영화 속 어느 장면이라도 한 부분을 뚝 떼어내 액자에 담아내면 그 자체가 그림이 될 것 같은 영상미가 뛰어난 영화다. 이런 예술성으로 〈진주 귀걸이를 한 소녀〉는 2004년 제76회 아카데미 시상식에서 미술상, 촬영상, 의상상 후보작으로 지명되었다.

영화 속 주인공 그리트는 집안 형편 때문에 화가 베르메르(콜린 퍼스Colin Andrew Firth 분) 집에서 하녀로 일하고 있다. 그리트에게 예술적 감각을 발견한 베르메르는 그녀에게 카메라 옵스큐라 작동법, 물감 섞는 방법을 가르쳐주는데 이 과정에서 두 사람의 절제된 표정과 짧은 대사는 미묘하고 관능적인 분위기를 연출한다. 가장 인상 깊은 장면은 베르메르가 그리트의 귀를 뚫어주는 장면이다. 그리트의 귓불을 뚫는 화가의 손길은 성적인 은유를 담았다. 베르메르가 그리트의 귀를 뚫어줄 때 귀에서 흐르는 붉은 피, 그리트 역의 스칼렛 요한슨Scarlett Johansson의 갈망에 찬 눈빛과 무표정하게 그리트를 바라보는 베르메르의 모습만으로 그들의 관계는 긴장감을 더한다.

영화는 베르메르의 집을 떠난 그리트가 진주 귀걸이를 전해 받는 장면으로 끝마쳐 두 주인공의 사랑의 맺음이 명확하게 드러나지 않는 결말로 끝이 난다.

〈진주 귀걸이를 한 소녀〉 영화 속 의상

디엔 반 스트랄렌Dien van Straale은 〈진주 귀걸이를 한 소녀〉에서 맡은 영화의상으로 2004년 아카데미 의상상에 노미네이트되었다. 디엔 반 스트랄렌은 트레이시 슈발리에 소설의 표현에 입각한 의상으로서 시대 의상의 느낌이 아주 짙게 묻어나는 의상을 표현하는 데 온 힘을 기울였다. 스트랄렌 의상 팀은 17세기 전반부의 프랑스 의상과 네덜란드 서민복이 교체된 시기의 의상을 세밀히 구분해서 표현했다. 의상팀은 17세기의 미적 감각이 남아 있는 중고 커튼이나 인도 여성들이 걸치는 사리, 덮개들로 옷을 만들고 연마지로 옷감을 문질러 오래된 시대 느낌을 표현하기도 했다.

16세기 네덜란드 서민 남성들은 솜을 넣어 만든 귀족들의 성기 보호대인 코드피스와 헤어스타일 등의 복식을 모방하면서도, 모자와 벨트 등을 통해 자신들의 개성을 표현했는데 이런 독특한 스타일을 영화에서 잘 녹여냈다. 이들은 일반적으로 프릴이 없는 셔츠를 입었으며, 전체적으로 느슨한 형태의 몸통과 소매가 있는 더블릿을 입고, 대부분 스페인식 망토를 코트로 입었다.

여주인공 그리트 의상

하녀 신분인 그리트가 영화 전편을 통해 입은 의상은 머리끝에서 발끝까지 당대 회화에서 걸어 나온 듯한 의상이다.

영화 분장 팀은 가난한 하녀 역할인 그리트의 생기 없는 모습을 표현하기 위해서 우윳빛으로 얼굴을 메이크업하여 마치 화장을 안 한 듯 보이게 했다. 가슴 부분에 끈이 달리고 뒤로 묶는 의상은 이 시기의 전형적인 하녀 의상으로서 베르메르의 회화 〈우유 따르는 여인〉에 나오는 하녀의 의상을 참조했다. 그리트는 네덜란드 노동자층이 주로 입는 발등까지 오는 원통형 실루엣의 진한 갈색 스커트 위에 네덜란드 시민복의 특징인 손목에서 끈으로 묶은 풍성한 소매로 된 블라우스를 입고 흰색 모자와 린넨 앞치마를 착용했다. 그리트가 쓴 모자도 일반적인 그 시대

○ 베르메르의 회화
<우유 따르는 여인>
(1658~1660)
베르메르의 가장 유명한
그림 중 하나로서,
영화에서 그리트가
입었던 의상은 이 그림의
하녀 복장을 참조했다.

○ 영화에서 그리트가
입은 전형적인 하녀 의상

모자 중 하나다.

베르메르의 아내 카트리나 의상

바로크 귀족 의상에는 곡선, 문양, 화려한 레이스, 리본 장식, 머리 가발, 생화 등 장식이 많이 사용되었다. 베르메르의 아내 카트리나가 즐겨 입은 색감이 다채롭고 다양한 형태의 바로크 귀족풍의 화려한 의상은 하녀 신분인 그리트의 의상과 대조를 이루었다. 카트리나가 입은 의상은 바로크 시대 전형적 귀부인 스타일로 그녀가 입고 나온 7~8벌의 의상은 베르메르의 회화에서 그대로 옮겨왔다. 예를 들어 카트리나가 등장한 첫 장면에서 그녀가 입은 푸른 의상은 베르메르의 1663년 작품 〈편지를 읽는 푸른 옷 여인〉에 나오는 의상이다. 그녀의 머리는 굉장히 정성을 들여 진주 등으로 장식했는데 이 시기 신분이 높은 여성들의 머리스타일을 그대로 재현한 것이다.

○ 베르메르 회화
<편지를 읽는 푸른 옷
여인>(1663~1664)

○ 영화 속 카트리나와 카트리나 딸. 푸른색 의상은 <편지를 읽는 푸른 옷 여인>의 의상을 재현한 것

○ 영화 속 17세기 바로크 귀족 의상과 네덜란드 스타일 하녀 의상

○ 영화 속 카트리나 의상 뒷모습. 풍성한 소매가 달린 바로크 스타일 그린색 상의

카트리나 엄마 의상

17세기 네덜란드 의상의 가장 큰 특징은 흰색의 빳빳한 러프 칼라와 검정과 흰색이 대비되는 의상이다. 오리가미 접기식 러프 칼라는 네덜란드에서 1640~1650년에 유행했지만 1665년이 배경인 이 영화는 시대 차이에도 불구하고 네덜란드 의상의 상징이었던 러프를 채택했다. 영화 첫 장면에서 카트리나 엄마 마리아는 오리가미식 러프를 단 블랙 앤 화이트 의상을 입었다.

그녀의 의상은 늘 같은 블랙 앤 화이트 의상이기는 하지만 처음에 나온 칼라와 나중의 칼라 스타일이 다르다. 마리아의 칼라 형태는 그녀 심경의 변화에 따라 표현되었기 때문이다.

영화 속 남성복

의상감독은 시대 의상의 기본에 충실한 의상으로 영화의상 콘셉트를 정했다. 또 지나치게 차려입은 것같이 보이는 의상이 아니라 현대감각에 맞는 의상으로 재창조하고자 했다.

1630년대 초반부터, 남성 의상의 유행은 칼라는 부드럽게 어깨 위로 퍼지고 부츠와 함께 입은 느슨한 바지는 무릎까지 내려오는 추세였다. 베르메르는 결코 부유한 사람이 아니었기에 의상감독은 검소하고 단순한 의상으로 그를 묘사하기로 했다. 베르메르는 화려하지 않고 간결한 남성복 셔츠를 입은 위에 덧입는 더블릿을 입었다. 베르메르가 입은 상의 더블릿은 직선적인 형태로 오늘날의 재킷과 유사한 것으로 변형하였다. 엉덩이를 덮을 정도로 기장이 길고 단추가 촘촘하게 달렸지만 활동하기에는 편하도록 했다.

베르메르의 고객인 반 루지벤은 베르메르를 조종하고 사람들에게 파워를 휘두르는 거만한 사람이므로 당대 유행했던 콧수

○ 17세기 바로크 시대 회화 속 흰색의 위스크 칼라

○ 영화 속 마리아의 첫 등장 장면에서 목에 주름진 빳빳한 흰색 러프를 하고 검정 가운을 입고 있다.

○ 영화 속 마리아의 마지막 장면 속 블랙 앤 화이트 의상. 빳빳한 오리가미 칼라에서 벗어나 현대감각이 묻어나는 칼라로 바뀌었다. 이 의상은 그녀가 돈이 되는 그림을 위해 베르메르와 그리트에게 진주 귀걸이를 전해줄 때 입은 의상이다.

○ 영화 속 화려한 바로크 스타일을 입은 카트리나와 대조되게 금욕적 네덜란드 스타일을 입은 마리아 의상

○ 영화 속 베르메르와
후원자 루지벤 의상.
17세기 고증 의상보다
품을 많이 줄여
현대적인 느낌을
더했다.

염에 왁스를 발라 양옆으로 고정시키는 스타일을 하고 의상 위에 새털 장식과 금을 두른 모자와 외투를 덧입게 했다.

남성복 역시 시대 의상 그대로가 아니라 시대 의상에 현대적 느낌의 의상을 더하기 위해 의상을 그 시대 유행에서 품을 줄여 날씬한 의상으로 재창조했다. 결과적으로 베르메르 의상과 그의 후원자 반 루지벤의 의상은 역사적인 의상도 현대적인 의상이라고도 할 수 없는 독특한 의상으로 만들어졌다.

17세기 베르메르 회화에서 영감받은 현대 패션

디자이너들은 명화 속 인물들이 걸치고 있는 옷이나 장신구에서 패션사를 읽어낸다. 이렇게 발표되는 패션디자이너들의 의상은 그림 속 역사를 재현하는 셈이 된다.

시대 복식 중에서도 특히 바로크 시대 여성 복식은 화려하고 매혹적인 이미지로 인해 현대인에게 상상력을 불러 일으키기 때

문에 현대 패션에서 즐겨 차용되고 있다. 디자이너들은 시대 복
식에서 영감을 받아 현대 의상으로 재해석한다.

　1996년 크리스티앙 라크루아Christian Lacroix는 베르메르의 그림
에서 영감받은 의상을 선보였다. 그런데 영화 〈진주 귀걸이를
한 소녀〉에서 영화의 의상감독인 디엔 반 스트랄렌은 카트리나
의 의상에 바로 이 크리스티앙 라크루아 디자인을 본떠 의상을
제작하였다. 2009년 크리스티앙 디올, 2011년 알렉산더 매퀸에
이어 2012년 로다테의 디자이너 멀리비 자매는 베르메르의 그
림 〈진주 귀걸이를 한 소녀〉 작품의 색상에서 영감받은 드레스
를 선보였다. 2013년 발렌티노는 영화 〈진주 귀걸이를 한 소녀〉

○ 베르메르의 그림에서
영감받은 크리스티앙
라크루아의 1996년
디자인. 이 디자인을
영화 〈진주 귀걸이를
한 소녀〉에서
영화의상으로 다시
채택했다.

에서 영감받은 바로크 스타일의 패션쇼를 펼쳤고 2018년 구찌 패션쇼에서는 알렉산드로 미켈레Alessandro Michele가 17세기 네덜란드의 대표 의상인 영화 속 베르메르 장모 마리아의 블랙 앤 화이트 의상을 현대 스타일로 재현했다.

2022년 크리스티앙 디올은 영화 속 그리드 하녀복의 윗도리 앞부분에서 영감받은 현대적 디자인을 발표했다.

○영화 속 올 블랙 의상의 금욕적인 스타일의 마리아. 17세기 코르셋형 드레스인 카트리나 의상은 1996년 크리스티앙 라크루아 디자인을 참조했다.

○ <진주 귀걸이를 한 소녀> 회화의 색상에서 영감받은 로다테의 2012년 디자인

○ 구찌가 2018년 발표한 17세기 네덜란드의 금욕적 패션스타일을 연상하게 하는 블랙 앤 화이트 디자인

○ 영화 속 그리드 하녀복의 앞부분에서 영감받은 디올의 2022년 컬렉션

HOLBEIN

르네상스 초상화의 대가 한스 홀바인

<천일의 스캔들>(2008)

한스 홀바인Hans Holbein, 1497~1543은 유럽 최고 초상화가 중 한 사람이다. 수많은 초상화가 중에 한스 홀바인이 르네상스 시대의 가장 훌륭한 초상화가로 평가받는 이유는 인물의 외모에 대한 예리한 관찰과 정확한 세부 묘사, 명쾌한 화면 구성뿐 아니라 뛰어난 관찰력으로 인물의 성격까지 섬세하게 표현했기 때문이다.

영국의 헨리 8세는 홀바인이 그린 〈대사들〉과 〈토마스 모어 경〉 초상화에 매료되어 1536년 그를 궁정화가로 임명했다. 한스 홀바인의 초상화 중에서도 헨리 8세의 초상화는 인물의 내면이 잘 표현된 명화로 유명하다. 그의 날카로운 성격 묘사와 섬세한 표현으로 초상화의 모델들은 마치 살아서 숨 쉬는 16세기 유럽의 전형적인 인물로 보인다. 그는 궁정 초상화가 외에도 보석과 가구, 실내 장식디자인 그리고 궁정의 패션디자이너로도 활동했다.

그가 죽기 직전 완성한 자화상은 홀바인을 대표하는 걸작 중 하나로 꼽힌다. 어떤 미화도 없이 관람자를 똑바로 바라보는 진솔한 시선은 홀바인 그림 특유의 매력을 드러내고 있다.

헨리 8세는 로마 가톨릭 교회와의 불화로 수장령을 통해 영국 교회를 분리 독립시킨 왕으로 유명하다. 수장령은 영국 교회의 우두머리를 영국의 국왕으로 지정함으로써 교황청의 관할권을 부정한 것이다. 헨리 8세의 수장령 이후 영국 교회는 가톨릭과 분리되어 독자적인 신학과 조직을 갖는 성공회로 발전하게 되었다. 영국 교회의 성립은 헨리 8세의 개인적 이유에서 촉발되었으나 당시 유럽을 휩쓸고 있던 종교개혁의 영향을 받았으므로 가톨릭에 대해 비판적 입장을 취하던 많은 르네상스 인문학자들과 개신교 신학자들의 지지 속에 이루어졌다. 헨리 8세는 수도원을 해체하고 이를 왕실과 민간의 재산으로 불하하여 영국 교회의 독립을 불가역적인 것으로 만들었다. 또한 두 번의 대승으로 북쪽의 숙적 스코틀랜드 왕국을 제압함으로써 훗날 브리튼섬 통일의 기초를 닦아 잉글랜드 역사 발전에 큰 영향을 미쳤다.

이러한 그의 커다란 치적에도 불구하고 헨리 8세는 치적보다 난봉꾼 왕으로 더 유명하다. 헨리 8세는 여섯 번의 결혼을 했다. 첫째 부인 아라곤의 캐서린과 넷째 부인 클레베의 앤과는 이혼을 했고 둘째 부인 앤 볼린과 다섯째 부인 캐서린 하워드는 처형시켰다.

헨리의 첫 번째 왕비는 결혼할 때 현재 가치 400억 원 이상의 막대한 지참금을 들고 온 에스파냐 왕국의 공주였다. 원래 형의 아내였으나 몸이 약하던 형은 결혼한 지 얼마 안 되어 세상을 떠나버렸고, 막대한 지참금을 돌려주기 싫었던 헨리 8세의 아버지는 며느리 캐서린을 둘째 아들인 헨리 8세와 결혼시켰다. 하지만 헨리는 앤 볼린과 뜨거운 사랑에 빠져서 교황에게 캐서린과의 혼인 무효를 승인해 달라고 요청하게 된다. 교황의 반대에 부딪히자 그는 영국교회를 교황으로부터 독립시켜 영국 국교회인 성공회를 만들어버리고 두 번째 왕비 앤 볼린을 맞았다. 홀바인이 영국 궁정화가가 된 것은 이 무렵이다.

그러나 두 번째 왕비 앤 볼린과의 사이에서 아들이 태어나지 않자 그녀에 대한 애정이 식어버린 헨리 8세는 앤의 시녀 제인 시모어를 사랑하게 된다. 헨리 8세는 제인 시모어와의 세 번째 결혼을 위해 고문과 협박 등 갖은 수단을 동원해 앤 볼린에게 간통의 누명을 씌운 뒤 처형해 버린다.

〈헨리 8세의 초상화〉는 특유의 개성과 이상적인 외관 사이에서 균형을 맞추는 홀바인 초상화의 좋은 예다. 헨리 8세의 납작한 얼굴과 경계를 늦추지 않는 작은 눈은 그의 성격을 실감 나게 보여준다. 섬세한 금실로 수놓은 멋진 의복은 제왕의 권위를 드러내고 있다.

헨리의 세 번째 왕비, 제인 시모어는 결혼 이듬해 아들을 출산했으나 출산 후유증으로 세상을 떠났다.

시모어가 죽자 네 번째 왕비를 위한 소개팅의 임무를 맡게 된 건 당시 왕의 오른팔이었던 토머스 크롬웰Thomas Cromwell이다. 사진기가 아직 나오기 전 당시 초상화가는 현대의 사진사 역할을 했던 터라 헨리 8세는 네 번째 왕비를 맞이하기 위해, 크롬웰을 시켜 홀바인을 독일 공작 클레베의 딸 앤에게 보내 초상화를 그려오게 했다. 홀바인이 그린 그림 속 앤에게 반한 헨리 8세는 결혼을 결심했지만, 실물을 보고 크게 실망하여 홀바인의 궁정화가 자격을 박탈해 버린다. 이 네 번째 왕비 안나 폰 클레베는 못생겼다는 이유로 이혼당했고 주선자인 크롬웰은 대역죄로 처형되고, 초상화가 홀바인은 궁정에서 쫓겨났다.

○ <헨리 8세의
초상화>(1537, 티센-
보르네미사 미술관)

○ <제인 시모어의
초상>(1537, 빈 미술사
박물관)

○ 헨리 8세 네 번째
왕비 <클레베의 앤
초상>(1539, 루브르
박물관)

르네상스 시대는 비잔틴 제국이 멸망한 5세기 중반부터 16세기까지 시기를 일컫는다. 르네상스란 '부활'이라는 뜻으로 인간 중심적 순수미를 찾고자 했던 고대 그리스, 로마 문예의 부활을 의미한다.

르네상스 시대엔 인간 중심 문화로 인해서 인간의 체형미를 추구하는 복식문화가 발전했다. 르네상스 시대의 복식은 과장된 실루엣뿐 아니라 화려한 장식으로 복식 그 자체가 하나의 예술품이 되었다. 엄격함과 위엄을 콘셉트로 했지만 실루엣과 디테일이 전체적인 조화를 이루어 아름다움을 표출해냈던 것이다. 르네상스 복식의 아름다움 표현에는 소재의 발전도 큰 역할을 했다. 영국과 프랑스는 모직 산업이, 이탈리아는 비단과 레이스 제조 산업이 발전하여 르네상스 시기 유럽 국가들은 벨벳, 레이스 등 화려한 직물로 옷을 만들 수 있었기 때문이다.

16세기 여성복은 가는 허리와 부풀린 스커트로 X자형 실루엣을 강조했다. 조끼 형태의 코르셋으로 허리를 조이고, 치마를 부풀려 주는 파딩게일이라 불리는 버팀대를 착용해 가는 허리와 풍만한 가슴과 엉덩이를 강조했다. 그 위에 로브와 외투를 입고 칼라를 크게 하고 목 뒷부분은 높고 크게 세워 위엄을 과시했다. 소매 윗부분은 부풀리고 팔뚝 아래는 조여지는 레그 오브 머튼 소매도 유행했다.

남성복은 남성의 인체미를 강조하기 위해 어깨와 가슴을 부풀려서 근육을 강조한 과장된 형태를 만들었다. 귀족들과 부르주아 상인들은 그들의 권력과 재산을 과시하고 싶은 욕구를 복식의 크고 화려함에서 보여주려 했다.

이 시대에는 여성뿐 아니라 남성도 목둘레 장식인 러프를 만들어 착용하였는데 러프는 크기와 모양이 조금씩 차이가 있었다.

남성들은 프릴 장식이 있는 셔츠 위에 더블릿이라고 불리는 몸에 딱 맞춘 재킷을 입었다. 벨벳이나 태피터, 공단 등으로 만들어진 더블릿은 속옷이나 안감이 보이게 하는 슬래시와 패드 장식으로 가슴과 어깨를 과장되게 표현하여 남성스러움을 강조하였다. 더블릿 위에는 저킨이라 불리는 조끼를 겹쳐 입고 호박 바지 모양의 브리치즈에는 팬티 스타킹인 호즈를 착용하였다. 또 그 위에 화려한 망토로 위엄을 더했다.

○ 르네상스 여성복의 진수 <엘리자베스 1세>(1575년경, 런던 내셔널갤러리)

○ 르네상스 남성복, 작자 미상

홀바인 초상화 속 헨리 8세의 의상 스타일

　르네상스 시대 서유럽 국가들은 패션스타일에 서로 많은 영향을 주고받았다. 그중에서 영국 헨리 8세의 패션은 곧바로 서유럽 패션의 핵심이 될 정도로 인기가 높았다. 헨리 8세의 이미지는 한스 홀바인의 그림에서 확인할 수 있다. 잔뜩 부풀린 어깨로 몸을 확장시킨 패션 스타일은 그의 사후에도 유럽 왕족과 귀족들에게 크게 인기를 끌었다. 몸에 딱 붙는 바지 위에는 짧고 꽉 끼는 더블릿을 입었다. 더블릿의 몸판과 소매는 여러 조각으로 재단되어 조각 사이의 갈라진 틈으로 과장된 퍼프소매가 보이도록 함으로써 화려함을 강조했다. 더블릿 위에는 어깨가 아주 넓은 코트를 걸쳐 네모난 실루엣을 형성했다. 코트는 지위가 높을수록 어깨가 더 넓게 만들어졌다.

궁정화가 한스 홀바인은 헨리 8세의 초상화를 여러 점 그렸다. 그림 속의 헨리 8세는 소매와 장식이 화려하고 현대의 파워 슈트처럼 어깨가 잔뜩 부풀려져 원래의 체격보다 과장되게 옷을 입고 있다. 넓은 가슴과 어깨를 돋보이게 한 그의 의상으로 남성성과 공격적인 성품이 강조되었다. 또 주얼리를 착용함으로써 외모를 더욱 화려하게 보이도록 했다.

그는 웃음기 없는 얼굴로 근엄하게 서 있는 표정으로 왕의 권위를 더하여 위엄 있고 늠름한 자태를 뽐내고 있다. 의상에서는 주얼리와 코드피스가 크게 눈에 띈다. 헨리의 샅에 차는 주머니인 코드피스는 신하들의 샅보다 특히 두드러져 보이게 만들어졌다.

영화 <천일의 스캔들>(2008)

16세기 영국 왕 헨리 8세와 그의 두 번째 왕비 앤 볼린의 드라마틱한 삶은 소설과 연극, 영화에 흥미로운 소재거리를 제공했다.

이들의 파란만장한 이야기는 리처드 버튼Richard Burton 주연의 1969년 영화 〈천일의 앤〉과 나탈리 포트먼, 스칼렛 요한슨의 영화 〈천일의 스캔들〉, 앨리슨 위어Alison Weir가 지은 소설 『헨리 8세와 여인들』 그리고 최근 세계가 열광한 드라마 시리즈 〈튜더스〉로 끊임없이 이어지고 있다. 콘텐츠가 또 다른 콘텐츠를 부르는 셈이다.

채드윅Justin Chadwick 감독의 2008년 영화 〈천일의 스캔들〉은 16세기 영국 엘리자베스 여왕 1세가 탄생하게 된 배경을 그린 영화다. 영화는 시대의 스캔들 메이커였던 헨리 8세와 볼린가의 자매 사이에서 벌어지는 사랑과 배신, 음모를 치밀하게 그려낸 수작으로 르네상스 시대 튜더 패션 스타일을 잘 들여다볼 수 있다.

영화는 역사적 사실을 왜곡했다는 이유로 많은 논란을 일으킨 영국 작가 필리파 그레고리의 소설 『The Other Boleyn Girl』 (2001)을 원작으로 했다. 영화의 원제는 "The Other Boleyn Girl"로서 헨리 8세(에릭 바나Eric Bana)를 사이에 두고 헨리 8세의 두 번째 부인인 앤 볼린(나탈리 포트만Natalie Portman)과 앤 볼린의 자매인 메리 볼린(스칼렛 요한슨Scarlett Johansson)의 애정 경쟁에 초점을 맞췄다.

영화는 헨리 8세를 다룬 기존 영화의 소재에서 크게 다루지 않았던 메리라는 인물을 새롭게 부각시켜 앤과 메리 두 자매의 상반된 캐릭터로 영화의 스토리를 전개했다. 원제인 "The Other Boleyn Girl"의 'Other'가 바로 영화에 새롭게 부각된 인물인 메리 볼린을 지칭한다.

〈천일의 스캔들〉에서 헨리 8세를 두고 갈등을 벌이는 앤, 메리 두 자매는 각기 다른 매력과 성격을 가지고 있다. 언니 앤 볼린이 명예와 권력에 대한 욕망을 위해 도도한 섹시미를 무기로 왕을 유혹하는 데 반해 동생 메리 볼린은 순수함 속에 숨겨진 관능미로 첫눈에 왕을 사로잡으며 앤보다 먼저 왕의 사랑을 독차지하는 인물이다.

캐서린 왕비의 시녀였던 앤 볼린은 프랑스 궁정에서 교육받아 불어와 라틴어에 능통했고 총명했다. 전형적인 미인은 아니었으나 밝은 성격과 우아한 행동거지, 당찬 성격의 매력으로 왕을 사로잡았다.

헨리 8세의 눈에 들게 되자 앤은 대담하게도 왕비와 이혼하고 자신과 결혼하기 전까지는 잠자리를 할 수 없다며 헨리 8세의 조바심을 자극했다. 이에 왕은 앤 볼린의 요구 사항인 캐서린 왕비와의 이혼을 위해 갖은 수단 방법을 다 동원하게 된다. 당시 유럽 국가들은 매우 보수적인 가톨릭 국가로서 비록 국왕이어도 이혼을 하기 위해서는 교황청의 승인을 받아야만 했다. 교황청이 이혼을 승인하지 않았으므로 헨리 8세는 영국 국교회라는 새로운 종교를 만들어 이혼을 감행한다.

그 험난한 과정을 거치고 많은 사람들의 시기와 원망을 받으며 앤 볼린은 헨리 8세의 두 번째 왕비가 되지만 아들을 낳지 못하고 공주만 낳은 채 점점 왕의 신뢰를 잃어갔다. 마침 헨리 8세는 앤 볼린의 시녀 제인 시모어에게 호감을 보이기 시작했으므로 앤 볼린을 제거하고 싶었던 세력들은 앤을 간통죄와 근친상간 죄를 씌워 모함했다. 이로써 왕비가 된 지 약 천일 만에 앤 볼린은 참수되었다. 사람들이 그녀를 '천일의 앤'이라고 부르는 이유이다.

고전의상의 대가, 샌디 파웰의 영화 속 르네상스 의상

영화의상을 맡은 영국 의상디자이너 샌디 파웰Sandy Powell은 다수의 시대영화에서 의상디자인을 맡은 베테랑 디자이너다. 〈셰익스피어 인 러브〉(1998), 〈에비에이터〉(2004), 〈영 빅토리아〉(2009)로 아카데미 의상상을 세 번이나 받은 실력파 의상감독이다. 샌디 파웰은 〈천일의 스캔들〉에서 16세기 튜더왕조 시기 패션을 완벽하게 구현하고 헨리 8세를 두고 경쟁을 벌이는 두 자매인 앤 볼린과 메리 볼린의 의상을 서로 차별화하면서도 고풍스럽고 에로틱하게 선보였다. 파웰은 예산 부족에도 불구하고 1530년대의 의상을 정확히 재현하고자 했다. 영화 〈천일의 스캔들〉의 배경과 의상을 결정하기 위해서는 헨리 8세의 튜더시대의 색상을 제대로 고증해야 했는데 헨리 8세가 살던 화이트홀은 불에 탔고 후에 다시 복구됐기 때문에 1530년대의 오리지널 궁전에 대한 자료는 많지 않았다. 시대물 중에서도 특히 튜더 패션에 일가견을 가지고 있는 파웰은 앤 볼린의 초상화가 다수 걸려 있는 영국 내셔널 초상화 갤러리, 패션 뮤지엄을 포함해 영국 전역에서 필요한 시대 자료를 얻었다. 파웰은 또한 헨리 8세 시대의 유일한 궁중화가, 한스 홀바인의 그림을 샅샅이 훑어보았다.

홀바인이 그림에 사용한 색상은 아주 특별났는데 밝은 청록의 터키색과 강한 파랑, 짙은 녹색들이다. 이런 색상이 영화에서 헨리 8세의 궁정과 영화의 주인공 앤 볼린의 의상에 강하게 반영되었다. 배경 색상 외에도 영화는 홀바인이 그린 초상화 주인공들의 패션 스타일을 참조했다.

많은 조사와 연구 끝에 그녀의 손으로 만들어진 16세기 영국 왕실 의상의 화려함과 색채는 영화를 보는 내내 관객들의 눈을 사로잡는다. 그녀는 "누구도 역사적인 진정한 실제 모습이 어땠는지는 알 수 없다. 더군다나 그 시대에 사용한 것과 똑같은 의상 소재는 현재 거의 존재하지 않는다. 다만 정확한 시대의상의 리서치와 디자이너의 개성적인 해석이 필요하다"라고 했다. 그는 시대의상의 묘미는 고증에 맞는 우아한 의상이면서도 또 한편으로는 창조적인 모습으로 균형을 맞춰 제작하는 것이어서 똑같이 시대를 재현하는 것에 너무 신경을 써서는 안 된다고 주장한다. 샌디 파웰은 앤 볼린의 의상을 일부를 제외하고는 역사적으로 정확하게 만들어냈다.

영화에서 앤을 비롯한 여성들의 의상이 시대상과 달랐던 점이 몇 개 있다. 그 시대에는 스커트 속에 원뿔 형태의 버팀대가 들어갔는데 영화에서는 19세기에 유행한 반구 형태의 크리놀린 실루엣의 스커트가 디자인된 점이다.

영화 속 르네상스 튜더 패션

튜더왕조 시대 의상은 르네상스 중기 의상스타일에 해당한다. 앤 볼린과 메리 볼린의 의상도 그 시대의 스타일을 가능한 반영한 의상스타일로 만들었다. 속치마인 파딩게일 위에 입은 스커트는 폭이 아주 넓어서 삼각형 실루엣을 형성하고, 가슴은 납작했으며 깊게 파인 사각형 목선 위에는 여러 개의 목걸이를 걸쳤다. 두 자매의 튜더시대 의상표현에서 실루엣과 형태가 갖는 한계는 색상과 음영 차이로 극복했다.

도도한 섹시미를 내세워 왕을 유혹하고 왕비의 자리를 차지하는 인물인 앤 볼린 역 나탈리 포트만은 녹색과 푸른색의 의상을 통해 차갑고 신비로운 느낌을 보여준다. 앤의 상징 색상인 녹색은 튜더시대에는 의상으로는 잘 사용되지 않았던 색상이다. 당시에는 초록색 염색이 지금처럼 아름다운 색상을 내기가 어려웠기 때문이었다. 그러나 블루그린색 의상은 홀바인이 그린 초상화의 여러 곳에서 나타났고 앤의 성격에 잘 부합되었기 때문

○ 적갈색 옷을 입은
메리 볼린과 푸른색
옷을 입은 앤 볼린

○ 붉은색의 옷을 입은
메리 볼린. 붉은 옷은
그녀의 너그럽고 따뜻한
마음을 표현한다.

에 그린을 앤 볼린의 주 색상으로 사용하였다. 샌디 파웰은 영리하게 의상 색상의 변화를 통해 앤 볼린의 상황변화를 표현했다. 앤의 지위와 상황이 변화함에 따라 블루에서 시작한 앤의 색상은 점차 초록색으로 변했고 메리의 자리를 꿰차면서는 노랑 색상으로 바뀌었으며 그녀의 권좌의 마지막에 가서는 붉은 색상으로 변했다.

결혼 전 앤 볼린을 가장 잘 나타냈다고 평가받는 앤의 그린 드레스는 헨리 8세가 앤 볼린을 향한 마음을 담은 시에 입각해 만든 의상이다. 헨리 8세가 이 시에서 그녀의 옷을 초록색 소매라고 표현했기 때문이다. 앤 볼린은 'B'라는 알파벳이 새겨진 진주와 금목걸이를 여러 번 두르고 등장하는데 이 디자인은 홀바인의 그림에서 추출된 액세서리다.

스칼렛 요한슨이 맡은 메리의 의상은 캐릭터에 맞게 부드럽고 로맨틱하게 표현되었다. 황금색과 적색으로 이루어진 의상을 통해 고혹적인 느낌을 준다. 메리는 초반에는 골드와 레드 색상을 입었는데 후반으로 가면서 색상이 칙칙하고 어두워졌다.

에릭 바나가 맡은 헨리 8세의 의상은 한스 홀바인이 그린 헨리 8세 초상화를 토대로 화려하게 디자인되었다. 헨리 8세가 즐

○ 영화 속 헨리 8세의
화려하고 과장된 실루엣

겨 쓴 모자와 담비 털, 슬래시된 더블릿, 원래보다 두 배는 사이
즈를 키운 어깨 실루엣을 붉은색, 보라색, 브라운색, 검정색으로
화려하게 표현했다. 헨리 8세의 모든 의상은 금박이나 금으로
장식되어 위엄을 나타냈다.

르네상스 패션을 딴 현대 패션

　르네상스 시대의 복식은 과장된 실루엣뿐만 아니라 화려한
장식을 더하여 복식 자체가 하나의 예술품이었다. 외형의 엄격
함과 위엄이 전체적인 조화미를 이루어 실루엣과 디테일이 함께
조화된 예술을 표출해냈기 때문이다.

　이러한 르네상스 시대복의 화려하고도 다채로운 디자인들은
현대 복식에 많은 영감을 불러와 르네상스 주제는 최근에 패션
분야의 한 트렌드가 되었다.

　특히 영화 〈천일의 스캔들〉에 나온 영화의상들은 의상감독의
의도로 시대상을 정확하게 묘사하지는 않았지만 코스튬 디자인
이나 패션 역사 분야를 공부하는 학생들에게 매우 가치 있는 자
료로 평가된다. 이 영화 의상들은 2008년 영국 햄프튼 궁전에서

전시되었다.

뿐만 아니라 이 영화가 개봉된 2008년, 패션디자이너들은 르네상스 패션에 영감받은 디자인을 런웨이에 쏟아냈다. 연이어 2016년, 2018년, 2019년, 2020년, 2024년에 다시 르네상스 주제로 패션이 유행되었다.

특히 팬시하고 허리가 잘록하고 가슴이 딱 맞는 형태, 넓게 주름 잡힌 스커트, 퍼프 슬리브로 실루엣이 과장된 디자인, 쉬폰과 타프타 실크 가운, 꽃무늬, 러프, 로맨틱하게 깊게 팬 네크라인 같은 형태가 대거 등장했고 진주, 벨벳과 실크 소재로 된 자카드 무늬 야회복들이 런웨이를 달구었다.

당대의 패션 인플루엔서였고 화가들의 패션 뮤즈였던 앤 볼린이 애용한 네크라인은 현대 패션에 큰 영향을 끼쳤다. 2016년 오뜨쿠튀르 패션쇼에서 돌체 앤 가바나Dolce & Gabbana는 2016년 앤 볼린 의상에서 영감을 얻은 화려한 럭셔리 디자인을 선보였다.

○ 돌체 앤 가바나의 2016년 오뜨쿠튀르 의상에서 모델이 허리가 잘록하고 넓게 주름 잡힌 스커트에 르네상스의 특징인 네모 형태로 네크라인이 깊게 파인 의상을 입고 있다.

2019년 프라다의 봄/여름 패션쇼에서 모델들은 앤 볼린이 사용했던 것 같은 머리 장식용 모자를 쓰고 나왔다. 한스 홀바인이 그린 앤 볼린 초상화를 보면 앤 볼린은 네크라인 가장자리에 진주 장식이 달리고 머리에는 장식이 가득한 베일을 쓰고 있는 모습이다. 샌디 파웰은 이 그림에서 응용한 의상을 영화에서 디자인했는데 이 영화의상을 다시 프라다가 현대적으로 응용한 헤어밴드를 2019년 런웨이에서 선보였다.

○ 영화 속 앤 볼린의 머리 장식과 네모로 깊게 파인 네크라인. 소매는 레그 오브 머튼 소매다.

○ 2019년 프라다에서는 앤 볼린의 머리 장식을 응용한 디자인을 발표했다.

○ 네크라인, 진주장식과
실루엣을 응용한 브록의
2020년 디자인

○ 영국 길거리 패션에서
포착된, 포플린 퍼프소매
드레스, 르네상스
이미지를 연상시킨다.

2020년 브록Brock 컬렉션은 마치 16세기의 그림에서 튀어나온 듯한 로맨틱한 분위기로 레그 오브 머튼 소매가 많이 보인다. 이 레그 오브 머튼 소매는 1968년 영화 〈로미오와 줄리엣〉 방영 후 통칭 줄리엣 소매로 불린다. 그물처럼 만든 튤과 레이스로 된 드레스의 네크라인은 사각으로 깊게 파였다. 2020년엔 길거리 패션에서도 르네상스 이미지 패션이 많이 나타났다.

WARHOL

20세기 현대미술의 아이콘 앤디 워홀

<팩토리걸>(2006)

"돈벌이는 예술이고, 노동도 예술이다. 그런데 최고의 예술은 돈 되는 비즈니스다."

앤디 워홀Andy Warhol, 1928~1987의 말이다.

대중에게 익숙한 유명 이미지를 이용해 대중미술과 순수미술의 경계를 무너뜨린 현대미술의 아이콘인 워홀의 작품세계는 대부분 미국의 물질문화와 연관되어 있다. 그의 작업은 회화, 조각, 사진, 영상까지 다양한 영역을 아우른다. 그는 280여 개의 실험적인 전위 영화들을 제작하기도 했는데 1965년에는 영화 만드는 일에 전념하기 위해 회화와의 작별을 선언하기도 했다. 워홀의 영화 중 어떤 영화는 25시간 동안 쉬지 않고 상영된 것도 있고 잠자는 사람을 여섯 시간 동안 촬영한 영화도 있다.

워홀은 포르노그래피 산업에도 크게 영향을 미쳤다. 미국 포르노 시대의 출발점으로 평가받는 1969년 제작한 블루 무비 <Fuck>은 극장 개봉 영화로서 노골적으로 성행위를 묘사한 최초의 사례 중 하나다. 이 영화는 포르노가 진지한 비평의 대상으로 다루어지도록 만드는 계기가 된 작품이다. 그는 1969년엔 월간잡지 『Interview』를 창간하기도 했고 '더 팩토리The Factory'란 이름의 작업실을 만들어 각종 기행을 벌이기도 했다.

미국의 팝 아트

앤디 워홀이 각광받을 수 있었던 이유는 미술계의 새로운 흐름인 팝 아트Pop Art의 태동 때문이다. 팝 아트는 대중들도 쉽게 이해하고 즐길 수 있는 예술로 매스미디어의 이미지를 적극적으로 차용한 반 예술적 미술 사조로서 만화나 동화, 일상적 소재들을 사용한 작품들이 대부분이다.

팝 아트의 발단은 1950년대 초 영국 작가 리처드 해밀턴Richard Hamilton이었으나 미국은 영국의 팝 아트 이미지를 대폭 받아들여 팝 아트를 독자적으로 확대해 갔다. 2차 세계대전 전만 해도 유럽에 비해 문화의 불모지라고 해도 과언이 아니었던 미국에 대중적인 팝 아트야말로 미국적 문화 만들기에 가장 적합한 장르라고 여겨졌기 때문이다. 이후 등장한 수많은 팝 아트 작가 가운데서 20세기 후반의 가장 중요한 작가로 꼽히는 인물이 바로 앤디 워홀이다.

워홀의 예술은 '반복과 복사'

워홀의 작품 세계는 원본 없는 복사본과 반복의 세상이다. 그는 사진 이미지에서 따온 대상을 실크스크린으로 수없이 복사했다. 실크스크린 작업은 나무틀에 실크를 고정하고 빛을 투과시켜 비친 도상에 잉크를 묻히는 방식으로 만들어진다. 강력한 색상과 색감을 선명하게 뽑아낼 수 있어 단순, 명쾌하고 강렬한 시각적 효과를 연출할 수 있기에 대형 포스터나 광고용 전단 등 상업미술 분야에서 즐겨 사용해온 기법이다. 워홀은 눈에 보이는 대상을 손으로 재현하는 전통적인 회화가 아니라 기계의 도움을 받아 복사와 반복을 통해 대량생산을 시작했는데 이것이 바로 팝 아트의 전성기를 여는 계기가 되었다. 발터 벤야민Walter Benjamin이 말한 예술의 '아우라'를 의도적으로 지워버린 것이다. 복사된 것을 또 복사하는 그의 작업은 원본이라는 상위 개념을 무너뜨리고 오로지 복사본이라는 결과물들만 쏟아놓았다. 그의 작업은 예술의 높은 권위를 허물어버렸다.

워홀의 작업실, '더 팩토리'

'더 팩토리'는 워홀이 1963년 뉴욕 맨해튼 이스트 47번가에 차린 작업실 이름이다. 워홀은 실크스크린을 기반으로 작품을 양산해내는 자신의 스튜디오를 '더 팩토리'로 명명했다. 말 그대로 공장을 의미하는 더 팩토리의 실크스크린 제작 과정은 공장의 일관된 작업을 연상시킨다. 대량 생산과 소비산업화에 맞춰 획일화된 작품을 양산하는 방식으로 작업했기 때문이다.

그는 화려한 색채의 도판을 대량으로 생산할 수 있는 실크스크린 기법을 이용하여 마릴린 먼로나 엘비스 프레슬리Elvis Presley와 같은 스타의 이미지나 캠벨 깡통수프 같은 상품, 달러 등 미국 사회에 유포되는 기호를 작품화했다.

더 팩토리에서는 실험적인 영화가 제작되기도 했다. 더 팩토리를 통해 그는 빠르게 유명인사가 되었고 더 팩토리는 뉴욕 사교계의 입성이라는 의미가 되었다. 그는 이곳을 찾는 사람들과의 만남을 통해 얻은 다양성과 융합을 작품에 반영하고 다양한 사람들과의 협업을 통해 활동 영역을 확장하여 팝 아트 거장으로서 부와 명예를 얻었다.

더 팩토리는 롤링 스톤스의 믹 재거Michael Philip "Mick" Jagger, 벨벳 언더그라운드의 루 리드Lewis Allan "Lou" Reed, 작가 트루먼 커포티 Truman Capote, 모델 에디 세즈윅Edie Sedgwick 등 수많은 셀럽과 기업가, 마약중독자, 성도착자들이 모여 그들의 열정과 타락의 행위를 표현하는 공간이기도 했다.

워홀 작품

주변에서 흔히 발견되는 일상적인 이미지나 물체를 미술작품으로 전환시킴으로써 미국의 대량 소비문화를 찬미하는 동시에 비판하였던 워홀을 미국이 사랑한 이유는 그가 1960년대, 발전하는 미국의 정체성과 현상을 대변했기 때문이다. 당시 미국에서 캠벨 수프는 대량생산 상품의 전형이었다. 가격은 저렴했고 1년에 100억 개 이상이 팔릴 정도의 인기 상품이었다.

워홀은 당시 캠벨 수프사가 제조하던 32가지 종류의 통조림을 높이 52cm, 너비 42cm의 캔버스에 그린 후 실크스크린 기법으로 공장에서 찍어내듯이 작품을 만들어 예술과 대량생산 제품의 경계를 모호하게 했다. 앤디 워홀의 출세작 〈캠벨 수프〉(1962)는 진정성과 희소성을 포기함으로써 대량생산과 소비의 시대인 현대사회를 가감 없이 절묘하게 반영했다는 평을 이끌어냈다.

앤디 워홀 작품 중에 등장하는 셀럽으로서 가장 많이 회자되는 스타는 마릴린 먼로다. 마릴린 먼로를 소재로 한 워홀 작품들은 제목이 모두 다르다. 한 작품의 제목은 〈마릴린 먼로〉, 또 다른 작품의 제목은 〈25개의 마릴린 먼로〉… 이런 식으로 제목이 조금씩 바뀐다.

〈총 맞은 푸른 마릴린Shot Sage Blue Marilyn〉으로 알려진 먼로의 초상화는 먼로가 죽은 지 2년 후인 1964년에 그렸다. 바탕이 청록색이어서 붙여진 제목으로서 2022년 뉴욕 경매시장에서 1억 9,500만 달러(한화 2,730억 원)에 낙찰되었다. 피카소의 〈알제의

○ <캠벨 수프>
(1962, 뉴욕현대미술관)

○ <총 맞은 푸른
마릴린>(1964)

WARHOL 153

○ <보라색
자화상>(1986)

○ 녹색 배경의 <꽃>

여인들〉 가격을 압도한 금액이었다.

위홀은 자화상을 즐겨 그렸는데 이 중 그의 마지막 자화상인 〈보라색 자화상〉이 대표작이다. 이 작품은 몸통이 없는 것이 특징으로 워홀의 얼굴만 희미하게 클로즈업되어 있다. 헝클어진 은색 가발을 쓴 워홀이 공허한 시선으로 카메라를 바라보고 있는 모습에서 그의 뒤엉킨 절망과 고뇌가 관객에게 고스란히 전해지는 듯하다. 1986년 선보인 이 작품은 미술계의 호평을 이끌어냈을 뿐 아니라 상업적으로도 큰 성공을 거두어 지금까지 앤디 워홀 자화상의 대표 이미지로 인식되고 있다.

그의 대표적인 작품 중 〈코카콜라〉도 빼놓을 수 없다. 다른 예술가와 확연히 구분되는 자신만의 독보적인 작품세계를 만들기 위해 앤디 워홀이 주목한 것은 코카콜라 병, 수프 깡통, 달러 지폐와 같은 일상 소재들이었다. 그가 남긴 코카콜라 작품만 열다섯 개 이상이 될 만큼 코카콜라는 그에게 음료 그 이상의 존재였다. 부자든 가난하든 유명하든 유명하지 않든 누구나 똑같이 마시는 코카콜라야말로 그의 예술 철학을 담아낼 수 있는 가장 좋은 소재였던 것이다. 코카콜라는 대중문화의 중심이자 평등의 상징이었으며 당시 미국의 정신 그 자체였다.

워홀 작품 중 오늘날까지 세계를 매료시키는 소재인 '꽃'은 워홀의 창작 정점에서 나온 작품으로 미술사에서 빠질 수 없는 부분이다. 그는 자연물로서의 꽃이 아니라 잡지의 사진에서 모티브를 가져와 꽃을 담아냈다. 정사각형의 프레임 안에 네 개의 꽃들이 담긴 꽃 시리즈 작품들은 저마다 다른 색감으로서 심플하면서도 생기 있는 이미지로 다가온다. 꽃 작품은 수많은 앤디 워홀의 실크스크린 작품 중에서도 대중적으로 많은 인기를 누리고 있다.

이 작품에 나오는 꽃과 녹색 배경은 모두 워홀이 직접 그렸다.

가로세로 약 208.3cm 크기의 작품표면에 섬세한 질감과 두꺼운 도료 효과를 주어 실크 스크린 인쇄의 기계적 복제 특성과는 다른 긴장감을 형성해 생생한 구도를 만들어냈다.

1960년대 앤디 워홀 시대의 패션

1960년대 패션의 대표 스타일은 모즈 룩이다. 1960년대 영국 젊은이들에게 널리 퍼졌던 '모즈mods'는 '모더니스트'의 약자로 기성세대의 가치관과 관습에 대한 반항을 의복으로 표현한 스타일이다. 미국에서 퍼져나간 히피 룩과 함께 60년대를 상징하는 이 스타일은 미니스커트와 원피스, 기하학적 커팅 등 군더더기 없는 간결한 라인으로 경쾌하고 에너지가 넘친다. 영국의 디자이너 메리 퀀트Mary Quant가 여성 모즈 룩의 대표적 디자이너다.

워홀이 활약하던 1965년은 패션 혁명의 전환기였다. 미니스커트의 인기는 보편화되었고 여기에 부츠와 모자가 덩달아 유행했다. 스커트의 길이는 점점 짧아져 갔고 대담한 패턴의 텍스타일이 증가했다. 패턴은 점점 그래픽 요소가 많아져 추상적 꽃무늬 패턴, 옵 아트, 팝 아트 디자인이 많아졌다. 반면 남성 모즈 룩은 좁은 어깨와 꼭 끼는 의상, 통이 좁은 바지 등 전반적으로 슬림해 보이는 패션이다. 영국의 비틀즈가 유행시켰기 때문에 일명 비틀즈 룩이라고도 부른다. 남녀 공히 모즈 룩의 관건은 군더더기 없는 담백한 디자인이다.

60년대 패션에 빼놓을 수 없는 것이 하나 더 있다. 1960년대 블루진은 남녀 할 것 없이 청년문화의 상징으로 여겨졌다. 이 시기 청바지를 멋지게 입기 위해 슬로건과 상징문구가 적힌 티셔츠가 유행했다.

　위홀은 미술뿐 아니라 영화, 광고 등 시각예술 전반에서 혁명적인 변화를 주도한 전설적인 인물이었지만 그동안 패션 분야에서의 그의 영향력은 간과되어 왔다. 자신의 외모에 평생 열등감을 느껴 청년 시절 코를 성형수술까지 했던 위홀은 팝 아트의 선구자 자리에 오르자마자 자신의 작품처럼 자기 이미지를 적극적으로 창조하기 시작했다. 울긋불긋한 피부와 여드름 자국을 감추기 위해 매일 공들여 화장한 후, 자신의 패션 코드로 커다란 선글라스를 쓰고 검은 폴라 스웨터에 청바지와 가죽점퍼를 맞추어 입고 첼시 부츠를 신었다. 머리엔 다양한 색상의 화려한 가발로 20대부터 현저히 줄어든 머리숱을 감췄다. 그는 자신의 이런 이미지야말로 미국 팝 아트의 제왕이라는 화려한 명성에 걸맞은 외모라고 생각했다. 이런 위홀의 이미지를 따라 하는 사람들도 많았는데 그는 자신의 모습도 마음만 먹으면 쉽게 복제할 수 있는 대중적 이미지로 만들어버렸던 것이다.

　1960년대 이후의 미술계를 선도하였던 위홀은 패션스타일에서도 시대의 흐름을 앞서 패션 리더로서 역할을 수행했다. 위홀은 패션 리더로서 시간과 장소에 따라 미묘한 개성을 추구하였다. 화려하고 강렬한 분위기의 작품들과는 다르게 그는 오히려 무채색과 클래식한 아이템을 선호했다. 특히 1963년에서 1968년까지의 더 팩토리 시기 위홀의 패션스타일이 세상에 유행하기 시작하였다. 오뜨쿠튀르 디자이너들은 위홀의 패션을 참고해 발표했고 위홀 룩은 젊은이들의 패션스타일에 영향을 주었다.

　청바지와 블랙 재킷의 조합은 위홀의 패션에서 가장 먼저 언급해야 할 룩이다. 리바이스 501 청바지와 블랙 턱시도 슈트는

○ 청바지와 재킷을
매치한 워홀 룩

○ 남성복 디자이너 톰
포드가 워홀 룩에서
영감받아 발표한
2016년 디자인

그가 가장 즐겨 입던 스타일이다. 이러한 그의 복장 때문에 블랙 상의와 진의 조합은 일명 '팩토리 룩'이라 불리며 아티스트들 사이에서 유행처럼 번졌다.

1970년대와 1980년대 워홀 룩이라고 불리던 이 차림들은 청바지에 셔츠와 넥타이 그리고 정장풍 재킷의 코디로 당시 라이프스타일을 반영하는 패션으로 인정받았다. 터틀넥과 스트라이프 티셔츠는 넥타이가 주는 압박감에서 벗어나 편안한 분위기를 연출하고 싶을 때 워홀이 애용했던 또 다른 아이템이다.

아우터로는 포멀한 재킷이나 블랙 가죽 재킷을 선택하여 무게감을 잃지 않았다. 또한 투명한 안경이나 선글라스로 포인트를 주어 무채색 의상이 주는 밋밋함을 보완했다.

워홀의 뮤즈, 에디 세즈윅

그리스 신화에서 미술, 음악, 연극, 문학 등의 예술 활동을 관장하는 제우스의 아홉 명의 딸을 뮤즈라고 한다. 많은 예술가들은 자신의 삶과 작품에 영감을 줄 뮤즈를 찾는다. 존 레논 John Lennon에게 오노 요코가 있다면, 미국 팝 아트의 선구자 앤디 워홀의 뮤즈는 에디 세즈윅이다. 짧지만 강렬했던 인생만큼이나 지금까지도 회자되는 건 그녀의 패션이다. 왜소한 체구와 여리고 깡마른 몸매로 톡톡 튀는 헤어스타일과 트레이드마크였던 진한 인조 눈썹과 샹들리에 귀걸이를 한 에디 세즈윅은 새로운 패션 트렌드를 창조했다.

'잇걸it girl'이란 단어는 에디 세즈윅을 통해 탄생했다고 해도 과언이 아니다. 에디의 스타일은 미니멀하고 베이직한 룩을 보여주면서도 동시에 과장되고 대담한 귀걸이와 액세서리로 글래머러스함을 추구했다. 그런 그녀를 『보그』등 여러 패션 잡지에서 앞다투어 다뤘다.

혼돈의 시대 1965년, 에디 세즈윅은 패션계 최고의 이슈였다. 세즈윅의 검정 타이즈와 삼각형 라인의 원피스, 길게 늘어뜨린 테슬 귀걸이, 스모키 화장 등은 지금까지도 수많은 패션 피플의 마음을 사로잡고 있다. 28년의 짧은 삶을 약물 중독으로 마감한 그녀의 패션은 많은 패션 디자이너들에게 영감을 주었다. 2005년 세계적인 디자이너 존 갈리아노가 그의 컬렉션에서 '나에게 영감을 주는 뮤즈는 에디 세즈윅'이라 극찬했듯이 그녀의 독특한 패션은 긴 세월을 걸쳐 전 세계로 퍼져나갔으며 지금까지도 영향을 미치고 있다. 그녀의 스타일은 샤넬의 칼 라거펠트Karl Lagerfeld의 패션 모티브가 됐고, 케이트 모스Kate Moss를 비롯한 톱 모델들의 롤 모델이 됐다. 그녀의 여리면서도 퇴폐적인 분위기를 주는 스타일은 디올, 샤넬, 펜디, 토리버치 등 세계적인 브랜드를 통해서 꾸준히 재현되고 있다.

60년대 패션 아이콘답게 미니스커트는 에디 세즈윅 룩에서 가장 중요한 요소였다. 깡마른 몸매에 블랙 타이즈와 하이힐을 매치한 그녀의 미니스커트 룩은 다양한 컬러와 표범무늬를 비롯한 다양한 패턴, 소재들로 이루어져 발랄한 분위기를 극대화시켰다.

그런데 최근 중요한 패션 트렌드인 팬츠리스 룩, 일명 하의실종 패션을 1960년대에 처음 선보인 사람이 바로 에디 세즈윅이란 걸 아는 사람은 많지 않은 것 같다. 하의실종 패션은 그녀의 시그니처 아이템이었다. 평소 재즈댄스에 취미가 있던 그녀는 발레복의 일종인 레오타드를 일상에서도 즐겨 착용했다. 에디 세즈윅은 '바지를 꼭 입어야 하는가?'라며 불편하고 꽉 끼는 바지를 벗어 던지고 바지 없이 불투명 타이즈나 망사 스타킹만 신었다.

○ 영화에서 재현된 에디 세즈윅의 팬츠리스 룩

○ 에디 세즈윅의 팬츠리스 룩에서 영감받은 샤넬의 1993년 디자인과(왼쪽) 미우미우의 2023년 디자인(오른쪽)

당시의 스타일이 살아 숨쉬는 시대·문화적 배경을 고스란히 보여 준다는 평가를 받으며 1960년대 패션의 교과서로 불리는 영화가 있다. 바로 조지 하이켄루퍼George Hickenlooper 감독이 앤디 워홀과 에디 세즈윅의 관계를 당대의 인터뷰, 신문 기사, 잡지 화보, 에디가 주연한 더 팩토리의 영화들을 바탕으로 꼼꼼하고 세밀하게 복원하고 60년대 뉴욕을 재구성한 영화 〈팩토리 걸〉이다.

영화 장면은 마치 다큐멘터리나 전시회를 보는 듯하다. 워홀의 뮤즈 세즈윅은 앤디 워홀이 작업한 열세 편의 영화에 출연하며 한순간에 스타덤에 올라 큰 인기를 누리게 된다. 그러나 화려하고 사치스러운 생활도 잠시, 에즈윅은 당시 최고의 명성을 구가하던 밥 딜런Bob Dylan과 사랑에 빠지면서 워홀과의 관계가 파국에 이른다. 하지만 밥 딜런이 기혼자라는 사실을 알고 에즈윅은 연이은 실연에 빠지며 마약 중독자가 되어 그동안 쌓았던 명성과 부를 모두 잃고 약물 중독으로 28세의 나이로 세상과 작별한다.

'더 팩토리'라고 불리는 앤디 워홀의 작업공간은 전위적인 회화 작업, 사진과 미술품의 복제, 마약과 섹스, 포르노에 가까운 영화 촬영 등 극도의 자유분방함이 예술 창작이라는 이름으로 용납됐던 곳이다. 영화 〈팩토리 걸〉은 당시 더 팩토리의 재현을 위해 앤디 워홀 재단의 협조를 받아 1963년부터 1966년까지의 앤디 워홀의 작품 열아홉 점을 소품으로 활용했다. 또 프로덕션 디자이너인 제레미 리드Jeremy Reed는 에디 세즈윅을 돋보이게 하기 위해 그녀의 패션에 잘 어울리는 붉은 톤을 영화 전체의 색조로 사용했다.

○ 영화 속 가죽재킷과
줄무늬 티의 심플한
의상을 입은 워홀과
커다란 시그니처
액세서리를 하고
털코트를 입은 세즈윅

○ 영화 속 팬츠리스룩의
원조 에디 세즈윅

○ 영화 속 60년대
유행한 줄무늬 의상을
입은 세즈윅과 스태프들

영화의상을 맡은 존 던John Dunn은 앤디 워홀 역을 맡은 가이 피어스Guy Pearc에게 비틀즈가 신던 발목까지 오는 꼭 끼는 3~5cm 정도의 힐이 달린 비틀 부츠와 빈티지 의상을 입히고 앤디 워홀의 금발 가발, 가죽과 데님을 이용해 워홀의 스타일을 재현했다.

과감하고 매혹적인 패셔니스타, 에디 세즈윅을 연기한 배우는 '제2의 케이트 모스', '할리우드의 패션 아이콘'이라 불리고 있던 시에나 밀러Sienna Miller다. 의상감독 존 던은 팝 아트의 결정체인 세즈윅의 팩토리 걸 패션을 재현하기 위해 미국 전역을 돌아다녔다. 그는 상세하게 기록되어 있는 당시의 방대한 자료 중에서도 21세기의 관객들에게 어필할 패션 아이템을 찾는 데 몰두했다. 지금은 생산되지 않는 옷감과 최대한 비슷한 질감을 내기 위해 미국 전역을 여행하며 빈티지 딜러들과 접촉하여 세즈윅의 상징적인 패션 스타일을 재창조했다.

이런 과정을 거쳐 깡마른 몸매에 블랙 타이즈, 하이힐, 60년대 유행했던 밝은 색상, 대담한 기하학적인 원피스, 더 팩토리 시절 단 한 번도 뗀 적이 없는 숱이 무성한 인조 눈썹, 스모키 화장, 대담한 빅 사이즈의 샹들리에 이어링이 재현되었다. 특히 그녀의 아름다운 다리에 멋지게 어울리는 검은색 스타킹과 술 장식의 흰색 톱, 검은 롱부츠, 크고 화려한 귀걸이 등을 통해 세즈윅 스타일이 온전히 묘사됐다.

존 갈리아노의 2005년 디자인은 영화 속 에디 세즈윅의 의상에서 영감을 받았다.

○ 영화 속 에디 세즈윅의 의상에서 영감을 받은 2005년 존 갈리아노 디자인

패션, 팝 아트와 동거하다

　여전히 순수 미술가들이란 패션과는 거리가 멀다는 통념이 만연해 있던 1950년대 말, 미술과 패션 디자인을 새로운 단계로 끌어올린 장본인이 앤디 워홀이다. 여성 구두와 광고를 만드는 광고 디자이너로 뉴욕에서 데뷔한 워홀은 1960년대 말경 이미 뉴욕 상류층 여성들 사이에서 패션디자이너로 알려졌다. 그 명성과 경력을 바탕으로 뉴욕 화단에서 팝 아트로 본격적인 미술가로서의 길을 걷기 시작했다. 독특한 컬러감과 사물과 인물에 대한 새로운 해석으로 유명한 앤디 워홀의 팝 스타일 작품은 화려하고 강한 컬러감을 활용한 경쾌한 스타일 연출효과로 패션 디자이너들의 디자인 소재로 각광받고 있다.

1991년 베르사체는 워홀 작품 중 마릴린 먼로와 제임스 딘의 얼굴이 그려진 팝 아트 이브닝드레스를 발표하며 런웨이의 하이라이트를 장식했다. 이로 인해 베르사체는 세계적인 히트와 명성을 얻게 되었다. 이후 2018년 봄/여름 베르사체 컬렉션에서 또다시 선보인 앤디 워홀의 마릴린 먼로·제임스 딘 프린트는 '베르사체'라는 브랜드를 상징하는 대표적인 아이콘으로 자리매김했다.

○ 워홀의 마릴린 먼로와 제임스 딘 프린트를 이용한 2018년 베르사체의 봄/여름 패션쇼

○ 앤디 워홀의 마릴린 먼로와 제임스딘 작품에서 영감받은 1991년 베르사체의 마릴린 드레스

디올의 2013년 가을/겨울 컬렉션은 앤디 워홀 시각예술재단과의 협업으로 이루어졌다. 1950년대부터의 앤디 워홀 초기 작품에서 영감을 얻은 일러스트를 다양한 의상과 액세서리에 프린트하거나 자수로 새겨 넣어 새로운 디올 룩을 완성했다.

미국의 다이앤 본 퍼스탠버그Diane von Fürstenberg가 1964년 워홀의 꽃 그림에서 영감을 받아 2012년 발표한 데 이어 프라다도 워홀의 꽃 그림을 응용한 코트를 디자인했다.

현대 팝 아트 패션의 대가인 모스키노의 제레미 스캇은 2011년, 2013년, 2014년 연이어서 앤디 워홀에서 영감받은 색상과 작품으로 응용한 패션을 선보였다.

스니커즈로 유명한 패션업체 컨버스는 2016년 앤디 워홀 재단과 협업을 진행해 앤디 워홀의 상징적인 이미지들을 담은 '컨버스 척테일러 앤디 워홀 컬렉션'을 선보였다.

○ 앤디 워홀의 구두
일러스트를 응용한
디올의 2013년 패션

○ 워홀의 꽃 그림을
응용한 2013년
프라다의 코트 디자인

○ 워홀 디자인을 응용한
2011년 제레미 스캇의
팝 아트 디자인

○ 컨버스 스니커즈
척테일러 앤디 워홀
컬렉션

○ 꼼데가르송이
2024년 워홀재단과
협업하여 워홀 작품을
이미지화한 디자인

○ 여러 해 동안 앤디
워홀재단과 협업하고
있는 캘빈클라인의
2018년 패션쇼

캘빈클라인Calvin Klein과 앤디 워홀은 지속적인 파트너십으로 컬렉션마다 유니크하고 도시적인 분위기의 패션을 선보여 전 세계 마니아층에서 사랑받고 있다. 2018년엔 1977년에서 1985년 사이에 발표된 앤디 워홀의 사진 작품을 캘빈클라인 속옷 브랜드에 접목했고 캘빈클라인 진브랜드는 앤디 워홀의 얼굴이 프린팅된 헤리티지 데님, 티셔츠, 후디, 스몰 액세서리, 앤디 워홀의 사진이 프린트된 캔버스 천으로 만든 스니커즈 등으로 구성되었다.

꼼데가르송의 준야 와타나베Junya Watanabe도 2023년 워홀의 마릴린, 켐벨 스프 깡통에서 영감받은 경쾌한 힙합 콘셉트의 의상을 파리 패션위크에서 선보였다.

○ 2023년 준야 와타나베 팝 아트 디자인

DALI

카이저수염의 괴짜화가 살바도르 달리

<불멸을 찾아서>(2018)

20세기를 대표하는 초현실주의의 대가를 꼽으라면 제일 먼저 살바도르 달리Salvador Dalí, 1904~1989를 떠올릴 사람이 많을 것이다. 합리적이거나 이성적인 것이 아니라 현실 너머의 초현실과 의식 너머의 무의식을 보여주는 달리의 그림은 틀에 박힌 20세기 현대 예술의 흐름을 단숨에 전복시켜 버렸다. 그의 작품의 주요 주제는 꿈, 무의식, 성, 종교, 과학이었다.

제품 로고디자인, 가구디자인, 패션디자인에도 탁월한 감각을 드러낸 달리는 예술과 상업의 경계를 넘나들며 다양한 분야와 협업을 통해 팝 아트 탄생의 기반을 마련한 현대미술의 악동이다.

달리의 꿈의 세계

달리의 이름 '살바도르'는 죽은 형의 이름이기도 했다. 달리가 태어나기 전 세상을 떠난 달리의 형 때문에 상심하던 부모는 달리를 죽은 형의 환생으로 여겼다. 유년 시절 달리는 죽은 형을 그리워하는 부모에게 자신의 존재를 증명하려 애써야 했고 형의 그림자를 떨쳐보려 했지만 잘 되지 않았다. 죽은 형의 그림자로 살아가는 달리의 상처는 그가 죄책감과 강박증, 편집증, 정신분열 증상을 갖게 된 주요 원인이 된다. 어린 달리의 유일한 안식처는 그림이었고 지울 수 없는 형의 존재로 인한 트라우마로 그는 꿈속 세계를 그리기 시작했다. 달리를 본격적인 꿈의 세계로 안내한 사람은 정신분석학자 지그문트 프로이트Sigmund Freud다. 달리는 정신적 문제를 겪는 환자의 꿈을 분석한 프로이트의 무의식에 관한 연구서『꿈의 해석』에 탐닉했다.

상상력과 광기의 경계, 초현실주의

초현실주의의 발상은 오스트리아의 정신분석학자 프로이트의 이론에서 비롯되었으나 본격적인 초현실주의 운동은 1924년 프랑스의 시인이자 평론가인 앙드레 브르통Andre Breton의 〈초현실주의 선언〉으로부터 시작되었다.

초현실주의의 궁극적인 목표는 의식과 무의식의 경계를 해체하는 것으로서 의식을 관장하는 논리적 사고와 이성을 잠재우고 꿈과 무의식을 끄집어내어 몽환적인 비현실 세계를 마치 현실인 것처럼 보이게 만들어 초현실적인 미를 창조하는 데 있다. 초현실주의는 인간의 상상력을 실현시키는 도구이자 당대 예술의 한계를 극복하기 위한 최선의 비책이었다.

"나는 초현실주의 그 자체다"

달리는 1928년 파리에서 초현실주의 운동에 합류했다. 초현실주의는 산업혁명이 초래한 물질주의를 비판하던 예술가들이 모여서 만든 사상이었기 때문에 그들 대부분은 공산주의자였다. 반면 달리는 마르크스 사상에 의문을 품고 자본주의를 찬양했기 때문에 초현실주의의 시조 격인 앙드레 브르통과 불화할 수밖에 없었다. 극명한 사상의 차이로 인해 달리는 초현실주의 운동에서 제명당했지만 몽환을 가장 현실적으로 보이게 만들었다는 평가를 받던 달리는 그를 유명하게 만든 말인 "내가 초현실주의 그 자체다"라며 큰소리를 쳤다. 달리는 평생 시달린 불안감과 광기를 독창적인 예술 언어로 표현했고 비이성적인 환각 상태를 객관화하여 사실적으로 재현하고자 했다. 정통적인 회화기법과 정밀한 소묘나 오차 없는 원근법을 이용해 완성한 몽환적인 그림은 사람들을 매혹시켰다. 달리는 '그림이란 비합리적인 상상력에 의해 만들어지는 천연색 사진'이라고 정의하면서 강렬한 화면과 정교한 표현 방식을 위한 실험을 거듭했다.

1931년 작품 <기억의 지속>

살바도르 달리 작품 중에서 많은 사람들이 제일 먼저 떠올리는 그림이 있다. 한 번 보고 나면 기억에서 쉽게 지워지지 않은 이미지로 달리를 유명 화가로 만들어준 〈기억의 지속 The Persistence of Memory〉이다. 기분 나쁠 정도로 고요한 분위기 속에 식탁에서 나무가 자라 나뭇가지에 시계가 늘어진 치즈처럼 걸쳐 있는 그림이다. 시계 뒤의 배경은 바다와 바위섬이 권태와 황량함을 더한 채 모든 것이 정지한 듯하다. 이 그림은 무의식 세계를 보여준 대표작으로 1934년 이후 현재까지 뉴욕 현대미술관MoMA에서 소장하고 있다. 멀리 배경으로 보이는 경치는 달리의 고향인 카탈로니아 해변의 절벽을 현실적으로 묘사한 것이다. 그림의 전면에는 현실적 배경과 완전히 반대되는 비현실적인 것들로 배치했다. 까망베르 치즈가 시간이 지나 녹아내린 것처럼 흐느적거리는 시계와 그 위에 모여든 개미 떼는 시간이 지나면 모든 것이 썩는다는 것을 암시하는 듯하다. 늘어진 시계 모티브는 달리가 저녁 식사 후 흐물렁해진 까망베르 치즈를 보다가 아이디어가 떠올라 곧바로 스케

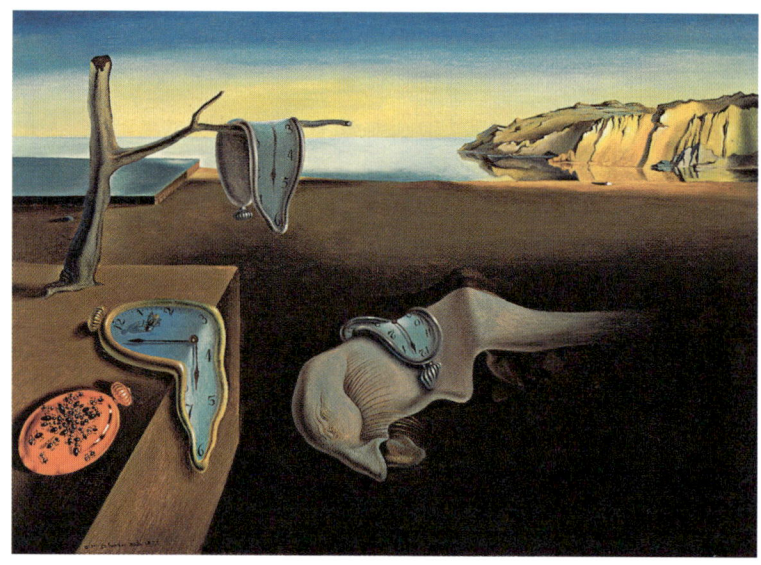

○ <기억의 지속>
(1931, 뉴욕 현대미술관)

치를 했다고 한다. 달리는 이 그림에 〈기억의 지속〉이라는 제목을 달았고 이 작품을 메인으로 한 그 해의 전시회가 대성공을 거두며 달리의 명성이 치솟았다. 이를 통해 유행의 첨단을 걷는 상류층 사이에서 달리 부부는 가장 핫한 커플로 떠오르게 된다. 사교계의 여성들은 심지어 달리의 괴상한 말투까지 따라 했다.

1937년 작품 <잠>

달리의 가장 유명한 그림 중 하나로 초현실주의의 정수라고 평가받는 1937년 작품 〈잠sleep〉이다. 푸른 하늘을 배경으로 부자연스럽게 누르스름한 피부 톤을 가진 커다란 두상이 공중에 떠 있다. 이 두상은 얇은 실로 바닥과 연결된 채로 잠들어 있어 보는 사람들에게 무의식의 세계를 상상하게 한다. 잠들지 못한 불면의 시간을 고통스럽게 묘사한 듯 감기지 않은 눈꺼풀을 억지로 실로 꿰어 아예 버팀목으로 매어두고 있는 것처럼 보인다. 자세히 보면 오른쪽과 왼쪽 구석에 작게 그려진 사람과 개와 성의 모습이 보인다. 왼쪽의 개와 오른쪽의 성은 아주 작게 그려져 두상과의 크기 대조로 인한 공간의 원근이 매우 깊게 느껴진다. 꿈이 이성적이고 깨어 있는 상태라는 것을 의미하듯 꿈의 색상은 안정된 아름다운 색상으로 그려졌다.

○ <잠>(1937, 개인 소장)

달리의 러브 스토리는 미술사에서 두고두고 회자되는 스캔들이다.

자유로운 영혼을 가진 달리였지만 피카소를 비롯한 다른 예술가들과는 다르게 오직 한 명의 여인, 아내이자 뮤즈이며 매니저인 갈라Gala Dali를 유아적이고 맹목적으로 일생 동안 사랑했다. 갈라는 달리의 모델이자 평생의 동반자로서 그의 작품에 많은 영향을 미쳤고 달리의 매니저로서 그의 작품 전시와 일정 조정을 총괄했다. 갈라는 달리의 하늘이고 땅이었다. 갈라는 달리의 작품에서 다양한 모습으로 등장한다. 둘이 처음 만났을 때 갈라는 달리보다 10년 연상으로서 시인 폴 엘뤼아르Paul Éluard의 부인이었다. 하지만 둘은 사랑에 빠졌고 엘뤼아르가 사망하자 결혼하게 된다. 갈라는 달리와 결혼 후에도 연하의 남자들과 염문을 뿌리고 다녔다. 갈라의 젊은 연인 중 한 명은 〈지저스 크라이스트 슈퍼스타〉에서 예수 역을 맡은 제프 펜홀트Jeff Fenholt이다. 갈라는 1894년생이고 펜홀트는 1951년생. 두 사람의 나이 차이는 무려 57년이었다. 그럼에도 달리는 개의치 않고 자신에게 신적인 존재였던 갈라를 사랑하고 의지했다. 두 사람의 결혼 생활은 갈라가 1982년 사망할 때까지 무려 53년 동안이나 지속되었다. 심지어 달리는 자신의 모든 그림은 갈라의 피로 그려졌고 갈라가 자신의 영혼을 치유했다며 자신의 그림에 '갈라와 살바도르 달리'라고 서명했다.

달리를 초현실주의 화가라고만 부를 수 있을까?

달리의 예술적 레퍼토리에는 회화, 그래픽 아트, 영화 제작, 배우, 조각, 디자인, 사진, 홀로그램, 퍼포먼스 등이 포함되었다. 그는 직접 광고 모델이 되는 한편 예술과 상업의 경계를 넘나들며 다양한 분야와 협업을 진행하면서 팝 아트 탄생의 기반을 마련했다. 녹아내리는 시계, 바닷가재 전화기, 입술 모양 소파 등 상상력이 돋보이는 디자인은 물론 영화감독인 월트 디즈니Walter Elias Disney와 함께 애니메이션 영화도 만들었다. 세계적으로 유명한 막대사탕 츄파춥스의 데이지꽃 그림 로고도 달리가 디자인한 것이다.

○ 츄파춥스 로고

영화감독 알프레드 히치콕Alfred Joseph Hitchcock은 1945년 정신분석학적 스릴러 영화 〈스펠바운드〉를 찍을 때 살바도르 달리를 미술감독으로 영입했다. 이 영화에서 달리는 옥상, 피라미드, 무도회장, 도박장의 네 장면에서 커튼에 그려진 커다랗게 확대된 가위가 눈을 자르는 장면을 제작했다. 달리는 시계와 브로치도 디자인했는데 그의 유명한 〈The end of time〉에 디자인된 눈은 영화 〈스펠바운드〉에서 나오는 눈의 연장선에 있는 작품이다.

○ 달리가 알프레드
히치콕의 1945년 영화
<스펠바운드>에서
무대감독으로 디자인한
작품

○ 달리의 1949년
주얼리 작품 <the eye
of time>

○ 스키아파렐리를
이끄는 다니엘
로즈베리가 달리의
1949년 주얼리 작품을
응용한 2021년 디자인

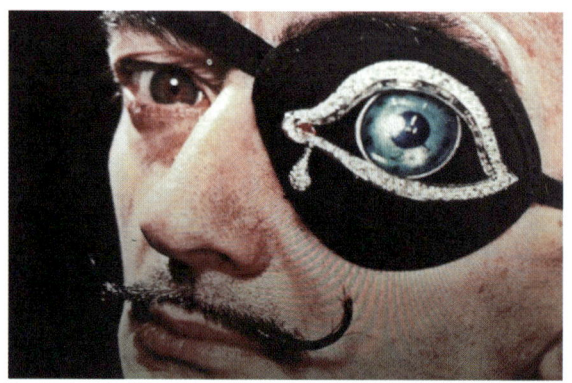

또 〈안달루시아의 개〉라는 초현실주의 영화 제작에도 참여했다. 비록 레시피는 유명 레스토랑의 레시피를 차용했지만 『갈라의 만찬들』이라는 요리책도 집필했다. 타로 카드도 제작했는데 1번 카드인 마법사에는 자신의 모습을 등장시켰다. 이 타로 카드는 007시리즈 중 〈죽느냐 사느냐〉에서 점술가 역의 제인 시모어Jane Seymour가 촬영에 사용할 카드를 만들어달라고 부탁하여 제작되었다. 또한 연극과 오페라 무대장치도 디자인했고 청바지 브랜드 갭gap 광고 디자인도 맡았으며 직접 『보그』 잡지 등 패션 잡지의 표지모델과 초콜릿 광고 모델로도 출연했다.

안테나처럼 솟은 트레이드마크 수염을 가지고 기인 행동을 일삼은 달리는 다방면에서 발휘되는 예술적 재능으로 자타가 공인하는 최고의 스타였다.

달리는 36년의 인생을 정리한 자서전을 탈고한 날 자신이 알

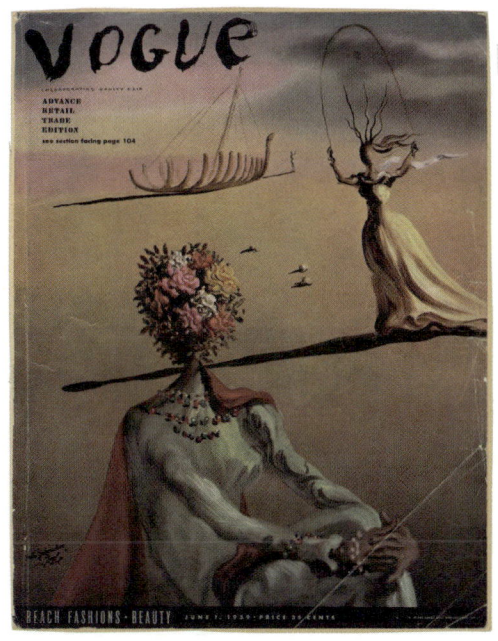

○ 달리가 디자인한 1939년 『보그』 6월호의 커버 아트

몸으로 있었다고 말했다. 이 책은 한국에서 『나는 세계의 배꼽이다』라는 제목으로 출간되었다.

세상에서 가장 위작이 많은 작가

초현실주의의 대가로서 현대 예술문화 전반에 커다란 영향을 준 달리의 무한한 상상력은 팝아트와 신표현주의뿐 아니라 영화와 의상까지 다양한 예술 분야에 영향을 끼쳤다. 당시 달리의 인기는 훗날 앤디 워홀 등 여러 현대 미술가의 이미지메이킹에 큰 영향을 주었다. 이런 달리가 아이러니하게 세상에서 가장 위작이 많은 작가 중 하나로 꼽힌다. 달리가 명성을 이용해 초콜릿, 자동차, 항공사 광고 등에 매달리고 자서전을 쓴 목적은 오직 수입 때문이었다고 알려진다. 1974년 프랑스 세관에서 달리의 서명이 담긴 일만 장의 빈 종이가 적발되었다. 탐욕적이며 도덕성이 희박했던 달리는 빈 종이에 서명만 한 뒤 업자에게 돈을 받고 넘겨서 업자가 마음대로 자기 작품을 위조해 원본처럼 팔 수 있게 했다. 한 업자는 "총 8만 7,500장의 종이를 달리에게 넘겨받았다."라고 자백하기도 했다.

달리의 몽환적인 그림이 매력적이면서도 왠지 불편한 건 이처럼 인간 본성의 나약하고 추한 면을 동시에 담고 있기 때문은 아닐까?

국내 달리 회고전

'동대문디자인플라자' 디자인 전시관에서는 2021년 10월부터 2022년 4월까지 6개월간 달리 회고전이 열렸다. '살바도르 달리 재단'과 '동대문디자인플라자'가 함께한 〈살바도르 달리전〉에

서는 달리의 작품세계를 열 개의 섹션으로 나누어 연대기별로
소개했다. 살바도르 달리 재단과의 공식 협업으로 기획된 이 전
시는 '스페인 달리 미술관', '미국 플로리다 살바도르 달리 미술
관', '마드리드 레이나 소피아 국립미술관' 소장품으로 구성되
었다.

2024년에는 빛과 음악을 통해 새로운 예술적 경험을 선사하
는 복합 문화예술공간 '빛의 시어터'에서 <달리: 끝없는 수수께
끼>전이 열렸다.

초현실주의 패션의 어머니, 엘사 스키아파렐리와 달리

1920년대 프랑스에서 일어난 초현실주의는 문학, 필름, 조각,
건축, 패션 등 모든 아트 분야에 지대한 영향을 미쳤다. 초현실
주의 패션은 기존 복식 형태에서 탈피하여 다양하고 전위적인
새로운 형태의 패션 표현 방식을 도입하여 예상하지 못한 디테

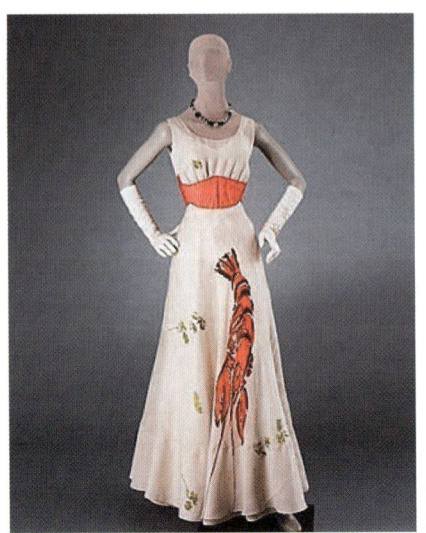

○ 달리 그림에서
영감받은 엘사
스키아파렐리의 1938년
해골 드레스

○ 엘사 스키아파렐리의
가재 드레스

○ 달리의 바닷가재
전화기는 일반적인
업무용 전화와 석고로
만든 랍스터의
합성물이다.

일이나 색다른 소재와 몽환적인 주제로 패션을 표현했다.

1930년대 초현실주의를 의상에 접목한 패션디자이너 엘사 스키아파렐리에게 있어서 옷은 그리는 것이었다. 스키아파렐리는 자신은 패션 전문가가 아닌 아티스트로서 드레스를 디자인한다고 말했다. 스키아파렐리는 살바도르 달리, 마르셀 뒤샹Marcel Duchamp, 만 레이Man Ray, 프란시스 피카비아Francis Picabia 등 당대 초현실주의 예술가와 교류했다. 스키아파렐리는 달리와 함께 하이힐 모양의 모자, 〈서랍 달린 여인〉을 응용한 서랍 달린 드레스, 전화 형상의 핸드백, 해골 드레스, 〈랍스터 전화기〉를 프린트한 실크 오간자 드레스 등 실재와 허구 사이의 충돌을 조장하여 관객에게 독특한 감상을 주는 초현실주의 의상을 작업했다.

스키아파렐리는 달리의 그림에서 영감을 받은 해골 드레스 제작 시 충전재를 사용해 인간의 뼈를 그대로 재현했다. 이 중에서도 두 사람의 콜라보 작품 중 가장 상징적인 의상은 가재 드레스다.

21세기 초현실주의 패션

초현실주의 패션의 특징은 익숙한 것을 낯설게 한다거나 아이템을 과장하고 왜곡시키면서 전혀 다른 성격의 것들을 결합해 생경한 이미지를 창조해내는 것이다. 인간의 무의식 속에 잠재된 욕망을 대변하는 에로틱한 표현으로 현실의 한계를 극복할 수 있는 패션을 제시한다.

2012년 뉴욕 메트로폴리탄 뮤지엄에서는 〈스키아파렐리와 프라다: 불가능한 대화〉라는 제목의 전시가 열렸다. 이 전시에서는 스키아파렐리가 1920년부터 1950년까지 제작한 100여 점의 패션 작품과 40여 점의 액세서리가 전시되었다. 1980년부터

2012년까지의 프라다의 초현실주의 디자인 또한 만나볼 수 있었다. 이 전시는 초현실주의 패션이 일반 소비자들의 주목을 받게 된 계기가 되었다.

세계적 패션디자이너로서 초현실주의 패션을 활발하게 디자인하는 디자이너로 알려진 알렉산더 매퀸, 아이리스 반 헤르펜Iris van Herpen, 레이 가와쿠보Rei Kawakubo 같은 디자이너를 열거하지 않더라도 이제 초현실주의 패션은 일상에서 쉽게 찾아볼 수 있을 정도로 많다.

2021년은 패션쇼 런웨이에 초현실주의 패션이 대거 등장한 해다. 루이 비통은 달리의 유명한 작품 <랍스터 전화기>를 응용해 2021년 봄/여름 남성복 패션쇼에서 랍스터로 꾸며진 코트를 선보였다.

2022년, 2023년에도 초현실주의 패션의 강세가 계속되었다. 2022년 모스키노는 초현실주의 패션의 낯설게 하기를 이용해 쟁반 위에 가슴이 달린 파격적인 디자인을 했다.

○ 루이 비통의 2021년
랍스터가 달린 코트

○ 초현실주의 패션의
낯설게하기 기법으로
디자인된 모스키노의
2022년 가을/겨울
컬렉션

○ 달리의 <명상하는
장미>를 응용한
2023년 파코 라반
디자인

파리 디자이너 파코 라반Paco Rabanne은 2023년 달리의 오마주 패션으로 달리의 그림 〈명상하는 장미〉, 〈잠에서 깨기 직전 석류 주변을 날아다니는 한 마리 꿀벌에 의해 야기된 꿈〉 등을 프린트한 맥시 드레스를 선보였다.

영화 <살바도르 달리: 불멸을 찾아서>(2018)

20세기를 대표하는 초현실주의의 대가로 현대사회 예술문화 전반에 커다란 영향을 주는 달리의 일생을 담은 전기영화는 2011년 〈달리와 나: 초현실적인 이야기〉, 2022년 〈달리 랜드〉 등 열두 편이 넘는다. 그중 스페인 '갈라-살바도르 달리 재단'에서 제작한 다큐멘터리 〈살바도르 달리: 불멸을 찾아서Salvador Dali: In Search of Immortality〉는 살바도르 달리의 일생과 작품 세계 그리고 그의 뮤즈이자 동반자였던 아내인 갈라 달리의 생전 모습을 담은 영화다. 달리의 인생에 중요한 시기였던 1929년부터 초현실주의 그룹에 합류해 갈라를 만나고 사망한 1989년까지 생애 전반을 다룬 다큐멘터리로 달리가 직접 등장해 달리의 생애를 생생하게 만나볼 수 있는 영화다.

데이비드 푸졸David Pujol 감독 연출로 살바도르 달리, 갈라 달리, 알프레드 히치콕, 초현실주의 사조를 이끈 루이스 부뉴엘Luis Buñuel이 직접 출연해 스스로 불멸할 것이라 믿었던 달리를 다각도로 보여주었다. '갈라-살바도르 달리 재단'이 제작에 참여한 만큼 달리에 대한 다양한 진술과 방대한 자료 그리고 그에 대한 기록들이 세세하게 묘사되어 달리에 대한 궁금증을 상세하게 파헤쳐준 영화이기도 하다. 스페인의 피게레스와 포트리가트를 비롯해 달리의 예술과 삶에 영향을 미친 장소가 주된 배경으로 이야기가 펼쳐진다. 또한 미술사에 커다란 족

적을 남긴 달리에 대한 수많은 기록과 작품, 영상들 또한 주목
할 만하다.

환상이 존재하는 것보다 더 현실이 된다

"우리는 환상을 현실로 만들 수 있으며 환상은 실제로 존재
하는 것보다 더 현실이 된다."라고 한 달리의 말은 맞았다. 세계
에서 가장 작품값이 높은 것으로 유명한 현대미술가 제프 쿤스
Jeffrey Lynn Koons의 말을 전한다.

"오늘날의 세계는 달리의 눈으로 본 세상이다."

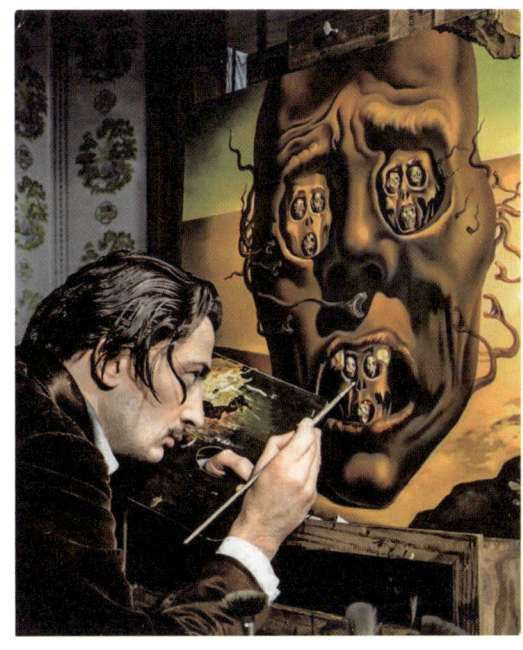

○ 영화 속 달리의 젊은
시절

○ 영화 속 달리와
갈라의 실제 모습

○ 영화 속 <전쟁의
얼굴>을 작업하는 달리.
전쟁의 얼굴은 전쟁의
상흔에 고통받는 인간을
형상화한 작품이다.

BASQUIAT

낙서를 현대미술로 승화시킨
장 미셸 바스키아

<바스키아>(1996)

장 미셸 바스키아Jean-Michel Basquiat, 1960~1988는 예술계 슈퍼스타 반열에 오른 최초의 아프리카계 미국인이다. 바스키아는 불과 8년 만에 그라피티에 뿌리를 둔 거리예술을 통해 표현주의적 회화의 새로운 가능성을 확립했고 예술에서 백인 남성의 지배를 깼다. 그는 미술작가로서뿐 아니라 뮤직비디오에도 등장했고 꼼데가르송 패션쇼 런웨이에 모델로도 올랐으며 핸드 페인팅 의류도 만들었을 정도로 예술의 다양한 분야에 걸쳐 활약했다. 바스키아는 1980년대 초 미국 뉴욕 화단에 혜성처럼 나타나 그라피티와 추상을 오가는 자유롭고 에너지 넘치는 작품으로 전 세계 현대 예술가들에게 중요한 영감을 주고 있는 예술가다. 아니, 현대 미술계의 스타다. 바스키아는 앤디 워홀, 키스 해링과 함께 세계 3대 팝 아티스트로 손꼽힌다.

바스키아의 작품은 심오함과 장난기를 넘나들며 텍스트와 그림, 만화와 순수미술, 음악, 해부학 등의 인문학적 요소를 버무린다. 그의 미술은 저급한 것과 고상한 것, 의도된 것과 우연한 것, 기성의 것과 즉흥적인 것이 충돌하며 예술의 고지식한 경계를 무너뜨린다. 이미지를 오려 붙이는 콜라주나 일상의 물건을 그림에 조합하는 아상블라주, 자신의 작품을 복사해 재사용하는 제록스 기법과 텍스트를 잘라내고 재배열하는 컷업 등 다양한 기법의 실험을 활용해 바스키아는 그가 활동한 8년간 3,000

여 점의 작품을 남겼다.

매력적인 스타 기질과 흑인으로서의 정체성을 가진 바스키아는 엄숙한 미술관부터 시끄러운 슈퍼마켓, 하이패션부터 스트리트 패션까지 어디에나 존재한다.

"나는 흑인 아티스트가 아니다. 그냥 아티스트일 뿐이다."

바스키아 작품은 강렬하고 복잡하다. 아프리카계 미국인의 정체성과 문화적 소통에 관심을 가지고 있었던 그는 인종차별의 권력구조와 시스템에 대한 공격 도구로 그림을 사용했다.

바스키아 재단 이사로 재직 중인 큐레이터 리처드 마샬Richard Marshall은 바스키아의 작품 주제를 낙서, 만화책, 해부학, 흑인 영웅, 인종 차별 문제, 재즈, 금전적 가치의 일곱 가지 범주로 나눈다. 여기에 개인적으로 한 가지를 더 추가하고 싶은 것이 있는데 바로 죽음이다.

낙서

낙서(그라피티)는 스프레이 페인트를 이용해 벽에 낙서처럼 그린 그림이다. 낙서는 사회적 약자나 소외된 자가 현실을 피하지 않고 그 속에 억눌린 응어리를 푸는 해독제다. 무질서하게 뒤섞인 글자와 이미지는 바스키아의 정체성을 드러내는 동시에 사회 모순을 조롱하는 도구로 작용한다. 그라피티가 도시 문제에서 현대미술로 인정받게 된 것은 바로 바스키아 덕분이라고 할 수 있다.

만화책

텍스트와 그림을 어지럽게 조합한 그의 작품에선 어린 시절

꿈인 만화가적인 이미지가 엿보인다. 그의 작품엔 배트맨이나 슈퍼맨 같은 만화 속 영웅의 이미지가 많다.

해부학

바스키아는 여덟 살 때 교통사고로 입원했을 당시 어머니가 선물한 해부학 입문서『그레이의 해부학』으로 인체의 형상, 뼈, 각종 내장기관에 호기심을 갖게 되었고 그 이미지들을 자신의 그림에 넣어 삶과 죽음에 대한 고뇌를 표현했다. 바스키아는 레오나르도 다빈치Leonardo da Vinci의 해부학 그림들에도 영향을 받아 인체에 대한 탐구를 계속함으로써 독창적인 이미지로 인체를 표현했다. 그는 작품 속에 완전한 신체를 그리기보다는 두개골이나 뼈의 일부 혹은 장기 또는 흉터를 그려 넣는 것을 즐겼다.

○ 2017년 소더비 경매에서 1450억 원에 낙찰된 바스키아의 1982년 작품 <무제>

머리와 두개골은 바스키아 작품 중 중요한 부분을 차지한다. 2017년 바스키아의 작품 〈무제〉는 소더비 경매에서 일본의 패션 이커머스 조조타운의 창업자 마에자와 유사쿠에 의해 앤디 워홀의 기존 기록을 뛰어넘는 최고가격인 1억 1,050만 달러(현재 환율로 약 1,540억 원)에 낙찰되었다.

흑인 영웅과 인종 차별 문제

바스키아의 작품에는 영웅의 모습이 많이 보인다. 바스키아는 미국에서 흑인에 대한 인종차별과 폭력적 억압이라는 고난을 견디고 흑인 역사를 빛낸 전설적인 영웅 이야기를 자신만의 방식으로 그려냈다. 색소폰 연주자 찰리 파커Charlie Parker, 권투선수 무하마드 알리Muhammad Ali, 야구 선수 행크 에런Hank Aaron 등이 그 대상이다. 그는 아티스트의 이름을 명시하거나 그 아티스트의 창작물 제목을 적기도 하면서 아티스트에게 왕관을 씌워주는 방식으로 영웅을 표현했다. 흑인도 왕이나 왕족의 지위에 똑같이 올라갈 수 있음을 내비친 것이다.

재즈

바스키아는 재즈에서도 영감을 받았다. 그는 그림에 재즈와 미국 문화와 아프리카계 아메리칸의 경험을 버무렸다. 그는 흑인 음악에 대한 열정이 남달랐는데 클럽에서 디제잉을 하고 밴드를 만들 정도로 음악에 관심이 많았다. "원래 재즈 뮤지션이 되고 싶었지만 연주를 할 수 없었기 때문에 미술을 택했다."라고 인터뷰에서 말하기도 했을 정도다. 재즈 뮤지션이 되지 못한 대신 그는 그림을 통해 재즈를 연주한 셈이다.

그가 특히 영향을 받은 사람은 색소폰 뮤지션인 찰리 파커였다. 바스키아는 찰리 파커의 혁신적이고 즉흥적인 연주 스타일을 광란하듯 돌아가는 붓놀림과 주제의 반복으로 그의 미술에 표현했다.

그가 영향을 받은 또 다른 아티스트는 트럼펫 연주자인 디지 길레스피Dizzy Gillespie다. 길레스피의 복잡하게 뒤얽힌 화성법과 리듬은 바스키아의 그림에 다층적인 문자와 이미지로 표현되어 작품의 깊이와 복잡성을 부여했다. 혁신적인 피아니스트며 작곡가인 텔로니우스 몽크Thelonious Sphere Monk가 사용한 불협화음과 각이 진 듯한 뾰족한 멜로디는 바스키아의 그림에서 예상 밖 색상과 들쭉날쭉한 선으로 표현되었다. 한 명 더 있다.

블루스와 가스펠 그리고 클래식을 섞어 만들어내는 찰스 밍거스Charles Mingus Jr.는 바스키아가 그림에 텍스트와 언어를 사용하도록 영감을 주었다.

죽음

흑인으로 태어난 그는 자신의 조국인 미국으로부터 차별과 냉대를 받았다. 미국 흑인 문학에서 죽음은 끝이 아니라 차별과 고립이 없는 새로운 세상이며 영원한 천국으로의 완전한 해방의 통로였다. 바스키아가 다루는 죽음도 그와 같다. 사람들이 그의 예술을 "죽음을 담은 생명"이라 부르는 이유다.

○ 1988년 앤디 워홀의 죽음에 절망해서 그린 <죽음에 동승하다>

앤디 워홀의 마스코트라고?

　당시 언론은 끊임없이 바스키아가 앤디 워홀의 마스코트라고 비평했다. 당연히 아니다. 어떻게 대가가 다른 대가의 마스코트가 될 수 있단 말인가? 앤디 워홀은 바스키아의 멘토였고 둘은 서로를 윈윈하게 만든 현대 최고의 아티스트들이다.

　앤디 워홀과의 운명적인 만남은 바스키아가 22살 때였다. 가난했던 바스키아가 우연히 레스토랑에 들어가 앤디 워홀에게 자신의 그림엽서를 판매하다가 두 사람은 운명적인 인연을 맺게 된다. 바스키아의 천재성을 단번에 알아본 워홀은 바스키아를 자신의 스튜디오인 '더 팩토리'에 드나들게 하면서 지원을 아끼지 않았다. 젊은 바스키아는 상상력이 고갈되어 가는 워홀의 예술적 영감의 대상이 되었고 워홀은 자신의 재력과 타고난 마

케팅 실력을 바탕으로 바스키아의 몸값을 끌어올렸다. 두 사람
은 1983년부터 85년까지 2년 동안 150여 점에 걸쳐 협업을 진행
했다. 워홀이 먼저 실크스크린 기법으로 작품을 제작하면 바스
키아가 마지막으로 거친 붓질과 글씨를 써서 다양한 의미를 생
성하는 작품을 완성했다. 그들은 때론 서로에게 배우고 영향을
주기도 하고 라이벌처럼 경쟁하며 각자의 작품세계를 구축해
나갔다. 이 과정에서 바스키아는 미술계에서 워홀 못지않은 유
명 아티스트가 되었다.

　하지만 바스키아가 워홀의 동성 연인이라는 악성 루머가 퍼
지면서 스승에 폐를 끼친다는 사실에 괴로워하던 바스키아는
결국 워홀과 거리를 두게 되었고 그러던 1987년 어느 날 듣게
된 워홀의 사망 소식은 바스키아에게 큰 상실감을 주었다. 워홀
의 사망사건에 절망한 바스키아는 더욱 심각한 마약 중독자가
되면서 1988년 27살 젊은 나이에 생을 마감하게 된다.

영화 <바스키아>(1996)

1996년 바스키아의 생애를 다룬 영화 <바스키아>가 만들어졌다.

바스키아와 잘 알고 지내던 줄리안 슈나벨Julian Schnabel이 감독 데뷔를 한 영화로 배우 제프리 라이트Jeffrey Wright가 바스키아 역을 맡고 바스키아의 우상이자 파트너였던 앤디 워홀 역은 영국의 대표적인 음악가 데이비드 보위David Bowie가 맡았다.

피카소의 <게르니카>를 응시한 채 어머니의 손을 잡은 소년 바스키아를 클로즈업하며 영화는 시작된다. 영화는 바스키아의 화가로서의 여정을 시간의 흐름을 따라 보여준다. 작업실 모습, 전시를 하는 과정과 앤디 워홀과의 친분, 그리고 바스키아가 생을 마감하는 마지막 모습까지 예술가로서의 삶을 그대로 녹여냈다. 사실적으로 제시된 이 다큐 영화를 통해 바스키아의 예술 세계와 흑인으로서 그가 겪은 어려움을 엿볼 수 있다. 바스키아는 뉴욕 출신이며 해박한 지식을 바탕으로 대중문화와 현대 미술적 기호를 작품에 끊임없이 차용했지만 평론가와 기자들은 '원시적 미술을 하는 작가'라는 표현을 서슴지 않았다. 그는 흑인이라는 이유로 뉴욕의 길거리에서 택시 잡기도 힘들었다. 영화 속에서 인터뷰 기자는 "당신은 화가인가요, 아니면 흑인 화가인가요?"라고 무례한 질문을 뱉는다. 흑인에 대한 은근한 경멸과 조롱은 일상 곳곳에서 튀어나와 그를 멍들게 했다. 결국 미술계에서 받은 차별과 멘토 앤디 워홀의 죽음은 그를 마약 중독과 죽음으로 내몰게 된다.

이 영화는 슈나벨이 바스키아에게 바치는 헌사와도 같다. 작품 속에 등장하는 바스키아의 그림들은 원 소유주들이 촬영에 사용 허가를 내주지 않아, 바스키아의 미술 동료였던 슈나벨 감

○ 영화 속 바스키아의
그라피티

○ 영화 속 바스키아

○ 영화 속 바스키아와
앤디 워홀

○ 영화 속 바스키아.
바스키아는 기장이 긴
블랙 재킷에 흰 셔츠를
즐겨 입었다.

독이 직접 복제품들을 그려서 영화에 사용했다. 마치 워홀이 부활한 것 같은 모습이라는 평을 받은 워홀 역의 데이비드 보위는 이 영화를 위해 피츠버그에 있는 워홀 박물관에서 워홀이 사용하던 실제 가발, 안경, 재킷을 빌려 촬영했다.

의상 감독을 맡은 디자이너 존 던John Dunn은 '레트로와 힙합과 프레피'라는 의상 콘셉트를 정해서 화가이면서도 패션을 매우 사랑했던 바스키아를 재현했다.

패션은 바스키아 삶의 중심

바스키아에게 패션은 자신의 캔버스나 다름없었다. 바스키아 삶에서 패션은 언제나 중심선상에 있었다. 스타일리시하고 세련됨의 극치였던 그는 무엇보다도 누구보다도 옷을 사랑하는 사람이었다. 바스키아의 옷 사랑은 그의 어머니가 패션디자이너였던 것과도 연관이 있어 보인다. 자신의 작품 스타일로 의상을 입었던 바스키아는 커스튬 디자이너 패트리샤 필드Patricia Field의 의상에 그림을 그려 넣어주기도 했다. 그는 옷가게에 가는 것을 좋아했고 심지어는 옷을 사기 위해 자신의 그림으로 옷값을 지불하기도 했다. 바스키아는 디자이너 조지오 아르마니Giorgio Armani와 이세이 미야케Issey Miyake를 특히 좋아했다. 거대한 캔버스 작업을 할 때 고가의 아르마니 신사복을 입고 아르마니 선글라스를 끼고 맨발을 벗은 채 그림을 그린 것은 유명한 일화이다. 페인트가 튄 이 신사복을 입고 공공장소에 나타나기도 했다. 후에 기하학적인 그림을 그릴 때는 일부러 이세이 미야케의 의상을 입었다.

그는 대립되고 모순되는 패션스타일을 보였는데 하나는 도시의 세련됨이요, 또 하나는 게으르고 안하무인으로 보이는 모

202

○ 아르마니 슈트를 입고
맨발로 그림을 그리는
작업실의 바스키아

○ 1987년 바스키아가
꼼데가르송 패션쇼에
선 모습. 이 쇼에서
바스키아는 더블단추의
뾰족한 라펠이 달린
가느다란 줄무늬 양복을
입고 메리 제인 구두를
신었다.

'87 S/S

습이었다. 그는 일부러 잘못 매치된 디자인의 재킷과 바지를 입는 걸 즐겼다.

바스키아는 '패션이란 개성을 나타내는 커뮤니케이션 도구'라고 생각했다. 그는 자신의 작품을 독특하고 원시적으로 보이게 하기 위한 무기로 패션을 사용했다. 바스키아에게 패션은 자신의 피부가 검은 것을 나타내는 동시에 흑인이 아닌 것으로 보이고 싶은 복잡성을 표현하는 도구였다.

바스키아는 패션을 통해서 자신을 무시하는 언론에 대한 반항심을 표출했다. 미국 사립학교 학생을 뜻하는 프레피들의 상징인 단정한 옥스퍼드 셔츠를 자기 스타일로 개조하여 느슨하게 한쪽으로 기울게 입고 아주 짧은 타이를 매거나 올이 다 드러난 낡아빠진 커다란 코트를 입어 락스타처럼 보이도록 했다.

1985년 『뉴욕타임즈』는 그가 맨발로 아르마니의 스리피스 정장을 입은 모습을 표지에 내세웠다. 이처럼 젊고 유명한 데다가 스타일리시한 아티스트를 주목한 디자이너는 꼼데가르송 브랜드의 레이 가와쿠보였다. 레이 가와쿠보는 바스키아를 꼼데가르송 패션쇼 런웨이 무대에 초청했다. 1987년 꼼데가르송 패션쇼에서 모델로 섰을 때 다른 사람이 입었다면 우스꽝스럽게 보였을 특대형의 회색 슈트를 바스키아는 멋들어지게 소화했다. 그는 패션디자이너들의 뮤즈가 되었다. 이세이 미야케의 화보 촬영도 했던 바스키아는 2007년, 『GQ』가 선정한 지난 50년간 가장 스타일리시한 남성 50인에 이름을 올렸다. 2015년에는 『뉴욕타임즈』의 남성 잡지 『T』의 표지모델이 되기도 했다.

바스키아의 유명한 패션사진 중 하나는 1981년 그의 혼돈과 미스매치적인 그림 스타일처럼 축구 헬멧을 쓴 채 아디다스 티

○ 헬멧을 쓰고 체크
투피스를 입은 바스키아
패션

○ 바스키아를 기념한
2018년 꼼데가르송 쇼

셔츠를 속에 받쳐 입고 체크 투피스 정장을 입은 모습이다.

2018년 꼼데가르송의 레이 가와쿠보는 1987년 바스키아의 런웨이 무대를 기념하며 바스키아에게 영감받은 티셔츠와 와이셔츠를 볼드하고 자극적인 디자인으로 출시했다. 꼼데가르송은 2020년에도 바스키아 패션쇼를 열었다.

20세기 스트리트 패션의 아버지

'20세기 스트리트 패션의 아버지.' 바스키아의 또 다른 별명이다. 바스키아는 단지 화가가 아니라 음악과 패션에서도 탁월한 센스를 보인 토털 아티스트다. 특히 스트리트 패션에서 그렇다. 런웨이에 오른 지 1년 만인 1988년 바스키아는 27세의 젊은 나이로 세상을 떠났지만 그가 사망한 후 한참이 지난 지금도 바스키아 패션의 영향력은 현재 진행형이다. 패션쇼에서부터 스트리트 패션에 이르기까지 바스키아 특유의 아이코닉 스타일은 전 세계적으로 수도 없이 많은 브랜드에 절대적인 영향을 끼치고 있다.

스트리트웨어 브랜드들은 바스키아가 선택한 반항과 자유의 의미를 담은 그림의 주제와 상징을 대담한 색상 선택과 불규칙한 라인으로 표현하고 있다.

2021년은 아티스트와 하이엔드 패션디자이너의 협업이 많이 이루어진 해다. 발렌티노, 구찌, 생 로랑, 세인트 존을 포함한 럭셔리 브랜드 디자이너들은 바스키아의 작품 모티브 전체를 콘셉트로 잡고 디자인을 발표했다. 생 로랑은 바스키아 작품에서 영감을 받은 스트리트 패션뿐 아니라 오리지널 그림도 함께 선보였다.

바스키아의 작품을 전시한 의류 및 액세서리 업체로는 유니

○ 2021년 생 로랑의
바스키아 디자인 가방

○ 2013년 슈프림
바스키아 콜라보 디자인

○ 2013년 유니클로의
바스키아 디자인

○ 2009년 리복
바스키아 디자인 탑다운
스니커즈

클로, 어반 아웃피터스, 슈프림, 허쉘 서플라이, 앨리스 앤 올리비아, 올림피아 르탱, 뉴욕 코치, 생 로랑 등이 있다. 특히 브랜드가 지향한 도시 젊은 층의 취향이 바스키아와 많은 부분 오버랩되는 슈프림은 바스키아 재단과의 콜라보로 큰 성공을 거두었다.

바스키아와 유니클로는 오래된 파트너로서 2003년 콜라보 이후 거의 해마다 새로운 디자인을 선보이고 있다.

바스키아가 패션에 남긴 유산은 의상뿐 아니라 패션의 다양한 분야에 영향을 미친다.

닥터 마틴, 리복, 비보 바레풋과 같은 신발 중심 스포츠 브랜드들도 예외가 아니다. 스포츠 브랜드 리복과 바스키아의 콜라보는 2009년에 시작해서 5년간 이어졌다. 리복은 바스키아 작품의 특징을 살린 디자인으로 느슨하고 볼드한 미적 감각을 내세운 티셔츠와 재킷을 출시했다.

컨버스도 바스키아와 협업 컬렉션을 선보였다. 컬렉션은 바스키아의 유명 작품들을 컨버스의 상징 스니커즈뿐 아니라 패션에도 담아냈는데 모두 바스키아의 시그니처인 왕관 모티브를 적용했다.

2021년엔 닥터 마틴도 바스키아의 가장 유명한 미술작품인 〈무제〉(1982)를 콘셉트로 디자인을 출시했다.

오프화이트가 스트리트 유스 컬처를 바탕으로 오늘날 자리매김하기까지는 바스키아의 작품들이 큰 영감을 주었다. 오프화이트는 바스키아의 거친 붓질이 표현된 티셔츠, 후디, 바지, 테크 액세서리로 뉴욕 다운타운 문화를 버무려냈다.

뿐만 아니다. 세계적인 spa 브랜드도 합세했다. 스웨덴 브랜드 H&M은 2024년 패션과 아트의 연합 일환으로 뉴욕 출신 디자이너 에브 브라바도Ev Bravado와 텔라 다모레Téla D'Amore가 바스키아를 주제로 콜라보 패션을 선보였다. 바스키아의 작품 이미지를 담은 슈트, 재킷, 짧은 소매 셔츠, 진, 후디로 구성된 30개의 패션 아이템이다. 여기에는 바스키아의 그림에 그려진 찰리 파커와 마일즈 데이비스Miles Dewey Davis III의 블랙 재킷 그리고 1983년과 1988년의 〈무제〉 작품에 그려져 있는 검정 가죽바지 등을 현대적 시각으로 해석했다.

뉴욕 컨템포러리 브랜드 앨리스 앤 올리비아alice+olivia도 예술과 패션을 완벽하게 결합하고자 하는 미션의 일환으로 바스키아 작품의 상징인 크라운과 텍스트 주제를 통해 블라우스와 셔츠 드레스, 스커트, 크롭 후디, 가디건 등 다양한 아이템에 패턴으로 적용하여 생동감 있게 제작했다.

1889년에 설립된 진 브랜드 리Lee는 2014년 페인트 묻은 진, 볼드한 줄무늬 스웨터, 크라운이 장식된 데님 재킷과 함께 탑, 티셔츠, 스웨트 셔츠sweat shirt를 구성해서 남성복과 여성복 분야에서 65달러에서 220달러 가격 사이로 판매했다.

○ 뉴욕 컨템퍼러리 브랜드 앨리스 앤 올리비아의 바스키아 패션

○ 2024년 리에서
출시한 밝은 톤의
가디건. 이 가디건은
바스키아가 즐겨 입던
스타일이다.

○ 바스키아의 작품과
콜라보한 2024년 리의
청청 패션

○ 바비 인형과 바스키아
작품의 콜라보

© Estate of Jean-Michel Basquiat
Licensed by Artestar, New York

2024년 리는 바스키아의 아이코닉한 룩에 경의를 표하는 남성용 스트라이프 재킷과 팬츠 그리고 바스키아의 유명한 모티프로 장식된 데님과 함께 세월이 흘러도 변치 않는 아이템인 청청 패션을 내놓았다.

1959년 3월에 출시되어 60년 동안 장난감 패션 인형 시장에서 중요한 위치를 점유한 바비 인형도 바스키아에서 영감을 얻은 인형을 만들었다. 이 바비 인형은 머리부터 발끝까지 바스키아의 작품들을 총망라한 이미지의 의상을 입고 있다.

저명 미술관도 예외가 아니다. 미국 뉴욕의 현대미술관 모마, 벨기에 마그리트 미술관, 아랍에미리트 루브르 아부 다비, 이탈리아 우피치 미술관도 바스키아와 콜라보 상품을 내놓았다. 2020~21년 NBA 시즌 동안 브루클린 네츠는 바스키아의 예술에 영감을 받은 농구 유니폼과 코트 디자인으로 바스키아를 기렸다.

바스키아와 한국 패션 브랜드의 협업

2024년 신세계 톰보이의 여성복 보브는 바스키아의 작품을 담은 콜라보 패션을 출시했다. 예술의 대중화가 확산되고 미술관을 방문하는 2030 세대가 크게 증가하자 세계적 작가의 작품을 의류에 접목시켜 유행에 민감한 젊은 층을 사로잡겠다는 의도였다. 여성들을 위한 세련된 캐주얼 스타일로 왕관과 해골 등 바스키아의 상징적인 그래픽을 위트 있게 담았다.

한국의 스트리트 패션 브랜드 커버낫도 22년 봄/여름 시즌 바스키아와 협업했다. 바스키아의 상징적인 그라피티 아트를 제품 곳곳에 접목해 작가 특유의 위트 있고 스타일리시한 무드를 옷에 담아냈다.

커버낫의 브랜드 정체성에 충실하면서도 MZ 세대들의 유니크한 취향을 아우르는 제품들로 바스키아의 '왕관, 공룡, 드로잉, 레터링' 등을 활용한 의상을 출시했다.

국내 브랜드 중에서 가장 오랫동안 바스키아를 선보이는 브랜드는 CJ 커머스가 바스키아 재단과 라이선스 계약을 맺고 바스키아의 이름을 그대로 따 브랜드 이름을 지은 골프 브랜드 바스키아다. 골프웨어 브랜드 바스키아는 고급 골프웨어 대중화를 위해 고급 소재를 사용한 골프웨어와 기능성 라이프스타일 웨어 그리고 캐디백, 모자 등 액세서리까지 갖추며 골프 토탈 브랜드로 거듭났다.

2022년엔 하이엔드 감성의 스트리트 골프웨어 브랜드 '바스키아 브루클린 골프'를 론칭하며 2030세대 영 골퍼를 집중 공략하고 있다.

패션으로 승화된 영원한 자유

자신의 예술적 가치를 인정받았음에도 여전히 흑인에 대한 차별의 벽에 절망한 채 끝내 27살의 나이로 영원한 자유를 선택한 바스키아.

그러나 이제 그의 자유로운 예술적 감각은 모든 인종을 초월하여 시각예술 전반에 새로운 변화를 일으키며 사랑받고 있다. 대중미술과 현대미술의 경계를 무너뜨린 그의 작업은 특히 예술과 패션의 거리를 좁히며 두 개의 분야가 현대사회에서 서로 윈윈하며 발전하는 기틀을 마련하고 있다.

○ 2022년 커버낫과
   바스키아 협업 패션

○ 신세계 톰보이와
   바스키아 협업

○ 바스키아 브루클린의
   바스키아 로고 캐디백

BASQUIAT 215

용어해설

개혁의상
클림트가 주축이 된 빈분리파의 종합예술은 예술을 생활에 밀접하게 만들고자 했던 시기와 맞물린다. 이 시기에 여성의상에서 코르셋을 내던진 의상개혁운동이 태동했고 이런 의상을 개혁의상이라고 한다.

남성 슈미즈(chemise)
더블릿 안에 입는 속옷으로 흰색 린넨이나 실크로 만든 튜닉형 상의이다. 영국에선 셔츠(shirts)라고도 부르며 정장 셔츠의 기원이다.

더블릿(doublet)
남자들의 대표적인 상의. 재킷 형태로 앞트임, 단추, 후크나 끈으로 여민다. 허리를 V자로 조이며 몸에 맞는 입체적 형태다.

라피스라줄리(Lapis Lazuli)
행운을 가져다 준다는 의미의 스톤이다. 청색이나 남색에 황금색의 파이라이트가 흩어져 있다.

러프칼라(ruff)
르네상스 시대에 유행하던 화려한 목장식 칼라다. 풀 먹인 천으로 만들어 받침대로 받쳐주거나 가장자리에 철사를 끼워 위로 세우기도 한다.

레그 오브 머튼 슬리브(leg of mutton)
양의 다리 모양처럼 생긴 소매. 소매의 윗부분은 개더나 플리츠로 부풀려져 있고 소맷부리 부분은 꼭 맞는 긴소매이다.

레이스업 슈즈(lace up shoes)
끈으로 묶는 스타일의 신발을 통칭하는 단어다.

로브(robe)
여성의 기본 복식으로 바디스와 스커트로 구성된 원피스 형태를 뜻한다.

버슬(Bustle)
속옷의 일종으로 버슬이라는 허리받침대를 넣어서 엉덩이가 돌출되게 함으로써 곡선의 실루엣을 만들어 주는 것이다. '버슬 스타일(Bustle Style)'은 1870년대부터 1890년대까지 유행한 여성패션이다.

스목(smock)
헐렁하고 기다란 셔츠형 작업복

실크 스크린(Silk Screen)
공판화를 이용한 실크 스크린은 강력한 색상과 색감을 선명하게 뽑아낼 수 있어 단순 명쾌하고 강렬한 시각적 효과를 연출할 수 있기에 대형 포스터나 광고용 전단지 등 상업 미술 분야에서 즐겨 사용해왔던 기법이다. 실크 스크린 작업 방식은 나무틀에 실크를 고정하고 빛을 투과시켜 비춰진 도상에 잉크를 묻히는 원리이다. 간편하게 제작이 가능하고, 하나의 판이 완성되면 짧은 시간 동안 수백 장을 찍어낼 수 있다.

아르 누보
아르 누보(프랑스어: Art Nouveau) 또는 유겐트슈틸(독일어: Jugendstil), 모던 스타일(영어: Modern Style)은 19세기 말에서 20세기 초에 성행했던 유럽의 예술 사조로 '새로운 미술'을 뜻한다. 독일어권에서는 유겐트 잡지 이름을 따서 유겐트 양식이라고도 불린다. 19세기 아카데미 예술의 반작용으로 아르 누보는 자연물, 특히 꽃이나 식물 덩굴에서 따온 장식적인 곡선을 특징으로 삼고 있다. 아르 누보는 신고전주의와 모더니즘을 이어주는 중요한 가교로 여겨진다.

엠파이어 드레스(empire dress)
엠파이어 드레스는 허리 둘레선을 실제 허리 선보다 높여 가슴 아래에 위치시켜 가볍게 조이고 스타일은 스트레이트로 된 엠파이어 실루엣 드레스를 말한다.

오뜨 쿠튀르(Haute Couture)
톡섬석인 맞춤형 옷을 만들고 유행을 선도하는 패션 디자이너나 디자인 회사를 의미하는 프랑스어이다. 처음부터 끝까지 수작업으로 제작되며, 고품질의 특이한 원단을 사용하여 디테일에 세심한 주의를 기울여 완성된다.

옵 아트(optical art)
옵 아트는 옵티컬 아트(시각적 미술)의 약자이다. 기하학적 형태와 미묘한 색채, 원근법을 이용하여 사람의 눈에 착시를 일으켜 환상을 보여주는 미술이다. 디자인계나 패션계에 영향을 끼쳤다.

임파스토(impasto) 기법
캔버스 위에 많은 양의 물감을 두텁게 바르는 유화 기법이다. 임파스토 기법은 빛을 반사하는 질감을 증가시켜 그림을 생동감 있게 만들어 준다.

자카드(Jacquard)
프랑스의 상인이자 발명가인 조셉 마리 자카드(1752~1834)가 발명한 문직용(紋織用) 직기로 날실의 조작을 조절하여 천에 짜 넣을 복잡한 무늬를 결정한다.

초현실주의(Surrealism)
1924년부터 2차세계대전 시기까지 시인 앙드레 브레통이 선도한 지적, 예술적, 문학적 운동을 말한다. 합리적 사고가 지배하는 사회에 대항하고, 꿈과 잠재의식에 관한 프로이트의 이론적 프레임 안에서 잠재의식의 "우월한 현실"을 활용하려는 시도를 했다.

코드피스(codpiece)
성기를 가리는 주머니 모양. 남성 우위를 과시한다.

타프타 실크(taffeta)
은은한 광택과 가볍고 바스락거리는 질감이 특징인 고급 실크원단이다. 주로 드레스, 스커트 등 의류에 사용하며 특히 웨딩드레스 소재로 인기가 높다.

튤(tulle)
견, 면, 인조 섬유를 기계 편직하여 그물처럼 만든 피륙.

파딩게일(farthingale)
서유럽 여자복식에서 15~17세기에 걸쳐 나타난 패션 아이템으로, 스커트 속에서 원하는 모양을 만들어 줄 수 있는 구조를 가진 지지대이다.

파피에콜레(papiercolle)
화면에 벽지, 신문지 등을 오려 붙인 그림으로 인쇄물, 천, 나무조각 따위를 찢어 붙이는 회화기법이다.

프록 코트(Frock coat)

대례복이자 정장이다. 길이는 무릎 정도까지이며 옷의 형태는 더블 브레스트다. 남성용 정장 중에서 테일 코트와 더불어 가장 높은 격식을 가진 옷이며, 20세기 초만 하더라도 신사라면 반드시 입는 정장이었다. 프록 코트는 현재 정장 위에 걸치는 겨울용 코트의 기원이 된 옷이기도 하며, 정장 자체로도 존재하고 있다.

프린지(fringe)

숄이나 스카프 따위의 가장자리에 달아 장식하는 술.

호즈(hose)

긴 양말.

참고문헌

단행본

김정혜, 『패션이 사랑한 미술』, 아트북스, 2005.

노르베르트 볼프, 이영주 역, 『한스 홀바인』, 마로니에북스, 2006.

다니엘르 드뱅크, 이은진 역, 『앙리 드 툴루즈-로트렉』, 열화당, 1994.

마틴 베일리 , 박찬원 역 , 『반 고흐의 마지막 70일: 예술가의 종착지, 오베르에서의 시간』,
    아트북스, 2023.

막스 폰 뵌, 이재원 역, 『패션의 역사』, 한길아트, 2000.

빈센트 반 고흐, 이승재 역, 『빈센트 반 고흐, 영혼의 그림과 편지들』, 더모던, 2023.

살바도르 달리, 이은진 역, 『나는 세계의 배꼽이다!: 살바도르 달리의 이상한 자서전』,
    이마고, 2012.

심우찬, 『벨 에포크, 인간이 아름다웠던 시대』, 시공사, 2021.

에릭 캔델, 이한음 역, 『통찰의 세계』, 알에이치코리아, 2014.

오광수, 『요하네스 베르메르』, 재원, 2004.

이사벨 토머스, 서남희 역, 『프리다 칼로』, 웅진주니어, 2019.

이자벨 쿨, 정연진 역, 『앤디 워홀』, 예경, 2008.

정흥숙, 『서양복식문화사』, 교문사, 2002.

질 네레, 정진아 역, 『살바도르 달리: 1904-1989 : 비합리적 정복』, 마로니에북스, 2020.

캐롤라인 영, 명선혜 역, 『패션 색을 입다』, 리드리드 출판, 2023.

페피타 뒤퐁 , 윤은오 역, 『자클린과 파블로 피카소에 관한 진실』, 도서출판 율, 2019.

논문

이수진, 「프리다 칼로 회화에 나타난 종교성의 의미」, 이화여자대학교 대학원, 1999.

김지애, 「프리다 칼로의 삶과 작품에 대한 고찰」, 제주대학교 교육대학원, 2007.

오은경, 「프리다 칼로 패션 컨셉 표현에 따른 패션 스타일과 패턴 구성에 관한 연구」,
    세종대학교대학원, 2010.

김도은·이진우, 「미술가의 차별화 전략에 관한 연구-'예술계' 개념과 장 미셸 바스키아
    사례를 중심으로」, 『예술경영연구』 제47집, 2018.

홍은수·김혜경, 「구스타브 클림트의 작품을 응용한 현대 패션디자인 연구-아르누보의
    조형적 요소를 중심으로」, 『한국패션디자인 학회지』 4(2), 2004.

배수정, 「요하네스 베르메르의 작품을 통해 본 17세기 네덜란드 여성 시민복과 시민문화」,
    『패션비즈니스』 17(4), 2013.

김민아, 『빈센트 반 고흐 회화 이미지를 응용한 의상 디자인』, 이화여자대학교
    디자인대학원, 2011.

패션, 영화 속 미술을 그리다

초판 1쇄 발행 2025년 9월 15일

지은이 진경옥
펴낸이 강수걸
편집 강나래 이선화 이소영 오해은 이혜정 한수예 유정의
디자인 권문경 조은비
펴낸곳 산지니
등록 2005년 2월 7일 제333-3370002510020050000001호
주소 부산시 해운대구 수영강변대로 140 BCC 626호
전화 051-504-7070 | 팩스 051-507-7543
홈페이지 www.sanzinibook.com
전자우편 sanzini@sanzinibook.com
블로그 http://sanzinibook.tistory.com

ISBN 979-11-6861-512-0 03590

* 책값은 뒤표지에 있습니다.
* 잘못 만들어진 책은 구입처에서 교환해드립니다.